工程施工质量问题详解

建筑电气工程

李 杰 主编

中国铁道出版社

2013年·北京

内 容 提 要

本书主要内容包括:电气设备安装工程、电缆敷设工程、电气照明工程以及避雷和接地工程。

本书重点突出、内容丰富、实用性强,力求做到图文并茂,具有较强的指导性和可操作性。本书适用于与建筑工程相关的施工操作人员、技术人员和管理人员的学习和提高,也可作为相关专业的培训教材。

图书在版编目(CIP)数据

建筑电气工程/李杰主编 . —北京:中国铁道出版社,2013.5
(工程施工质量问题详解)
ISBN 978-7-113-15782-1

Ⅰ.①建… Ⅱ.①李… Ⅲ.①房屋建筑设备—电气设备
—建筑安装工程 Ⅳ.①TU85

中国版本图书馆 CIP 数据核字(2012)第 305187 号

书 名:	工程施工质量问题详解 **建筑电气工程**
作 者:	李 杰

策划编辑:	江新锡 陈小刚
责任编辑:	冯海燕 张荣君 电话:010-51873193
封面设计:	郑春鹏
责任校对:	王 杰
责任印制:	郭向伟

出版发行:	中国铁道出版社(100054,北京市西城区右安门西街 8 号)
网 址:	http://www.tdpress.com
印 刷:	北京海淀五色花印刷厂
版 次:	2013 年 5 月第 1 版 2013 年 5 月第 1 次印刷
开 本:	787 mm×1 092 mm 1/16 印张:13.5 字数:337 千
书 号:	ISBN 978-7-113-15782-1
定 价:	33.00 元

前　　言

随着我国改革开放的不断深化,经济的快速发展,人民群众生活水平的日益提高,人们对建筑工程的质量、使用功能等提出了越来越高的要求。因此,工程质量问题引起了全社会的高度重视,工程质量管理成为人们关注的热点。

工程质量是指满足业主需要的,符合国家法律、法规、技术规范标准、设计文件及合同规定的特性综合。一个工程质量问题的发生,既可能因设计计算和施工图纸中存在错误,也可能因施工中出现质量问题,还可能因使用不当,或者由于设计、施工、使用等多种原因的综合作用。要究其原因,则必须依据实际情况,具体问题具体分析。同时,我们要重视工程质量事故的防范和处理,采取有效措施对质量问题加以预防,对出现的质量事故及时分析和处理,避免进一步恶化。

为了尽可能减少质量问题和质量事故的发生,我们必须努力提高施工管理水平,确保工程施工质量。为此,我们组织编写了《工程施工质量问题详解》丛书。本丛书共分7分册,分别为:《建筑地基与基础工程》、《建筑屋(地)面工程》、《建筑电气工程》、《建筑防水工程》、《建筑给水排水及采暖工程》、《建筑结构工程》、《建筑装饰装修工程》。

本丛书主要从现行的施工质量验收标准、标准的施工方法、施工常见质量问题及防治三方面进行阐述。重点介绍了工程标准的施工方法,列举了典型的工程质量问题实例,阐述了防治质量问题发生的方法。在编写过程中,本丛书做到图文并茂、内容精炼、语言通俗,力求突出实践性、科学性与政策性的特点。

本丛书的编写人员主要有李杰、张婧芳、侯光、李志刚、栾海明、王林海、孙占红、宋迎迎、武旭日、张正南、李芳芳、孙培祥、张学宏、孙欢欢、王双敏、王文慧、彭美丽、李仲杰、乔芳芳、张凌、魏文彪、蔡丹丹、许兴云、张亚、白二堂、贾玉梅、王凤宝、曹永刚、张蒙等。

由于我们水平有限,加之编写时间仓促,书中的错误和疏漏在所难免,敬请广大读者不吝赐教和指正!

编　者
2013 年 3 月

目　　录

第一章 电气设备安装工程

第一节 架空线路及杆上电气设备安装

一、施工质量验收标准

架空线路及杆上电气设备安装的质量验收标准见表1-1。

表 1-1 架空线路及杆上电气设备安装的质量验收标准

项 目	内 容
主控项目	(1)电杆坑、拉线坑的深度允许偏差,应不深于设计坑深 100 mm、不浅于设计坑深 50 mm。 (2)架空导线的弧垂值,允许偏差为设计弧垂值的±5%,水平排列的同挡导线间的弧垂值偏差为±50 mm。 (3)变压器中性点应与接地装置引出干线直接连接,接地装置的接地电阻值必须符合设计要求。 (4)杆上变压器和高压绝缘子、高压隔离开关、跌落式熔断器、避雷器等必须按相应规定交接试验合格。 (5)杆上低压配电箱的电气装置和馈电线路交接试验应符合下列规定: 1)每路配电开关及保护装置的规格、型号应符合设计要求; 2)相间和相对地间的绝缘电阻值应大于 0.5 MΩ; 3)电气装置的交流工频耐压试验电压为 1 kV,当绝缘电阻值大于 10 MΩ 时,可采用 2 500 V 兆欧表摇测替代,试验持续时间 1 min,无击穿闪络现象
一般项目	(1)拉线的绝缘子及金具应齐全,位置正确,承力拉线应与线路中心线方向一致,转角拉线应与线路分角线方向一致。拉线应收紧,收紧程度与杆上导线数量规格及弧垂值相适配。 (2)电杆组装应正直,直线杆横向位移不应大于 50 mm,杆梢偏移不应大于梢径的 1/2,转角杆紧线后不向内角倾斜,向外角倾斜不应大于 1 个梢径。 (3)直线杆单横担应装于受电侧,终端杆、转角杆的单横担应装于拉线侧。横担的上下歪斜和左右扭斜,从横担端部测量不应大于 20 mm。横担等镀锌制品应热浸镀锌。 (4)导线无断股、扭绞和死弯,与绝缘子固定可靠,金具规格应与导线规格适配。 (5)线路的跳线、过引线、接户线的线间和线对地间的安全距离,电压等级为 6～10 kV 的,应大于 300 mm;电压等级为 1 kV 及以下的,应大于 150 mm。用绝缘导线架设的线路,绝缘破口处应修补完整。 (6)杆上电气设备安装的规定。 1)固定电气设备的支架、紧固件为热浸镀锌制品,紧固件及防松零件齐全。 2)变压器油位正常、附件齐全、无渗油现象、外壳涂层完整。

续上表

项　目	内　容
一般项目	3)跌落式熔断器安装的相间距离不小于 500 mm。熔管试操动能自然打开旋下。 4)杆上隔离开关分、合操动灵活，操动机构机械锁定可靠，分合时三相同期性好，分闸后，刀片与静触头间空气间隙距离不小于 200 mm；地面操作杆的接地(PE)可靠，且有标志。 5)杆上避雷器排列整齐，相间距离不小于 350 mm；电源侧引线铜线截面积不小于 16 mm²，铝线截面积不小于 25 mm²；接地侧引线铜线截面积不小于 25 mm²，铝线截面积不小于 35 mm²。与接地装置引出线连接可靠

二、标准的施工方法

架空线路及杆上电气设备安装标准的施工方法见表 1-2。

表 1-2　架空线路及杆上电气设备安装标准的施工方法

项　目	内　容
测位	按设计坐标及标高测定坑位及坑深，钉好标桩，撒上灰线
挖坑	(1)按灰线位置及深度要求挖坑，采用人力挖坑时，坑的一面应挖出坡道。核实杆位及坑深达到要求后，平整坑底并夯实。 (2)电杆埋设深度应符合设计规定，设计未做规定时，应符合表 1-3 内所列数值。坑深允许偏差为 $^{+100}_{-5}$ mm；双杆基坑的根开中心偏差不应超过±30 mm，两杆坑深宜一致
底盘就位	用大绳拴好底盘，立好滑板，将底盘滑入坑内。用线坠找出杆位中心，将底盘放平、找正，然后用墨斗在底盘弹出杆位线
横担组装	(1)将电杆、金具运到杆位，对照图纸核查金具等规格和质量情况。 (2)用支架垫起杆身上部，量出横担安装位置，套上抱箍，穿好垫铁及横担，垫好平光垫圈，用螺母紧固。注意找平找正，然后安装连接板、杆顶支座、抱箍拉线等。 (3)横担组装的要求。 1)同杆架设的双回路或多回路线路，横担间的垂直距离不应小于表 1-4 内的数值。 2)1 kV 以下线路的导线排列方式可采用水平排列，最大挡距不大于 50 m 时，导线间的水平距离为 400 mm。靠近电杆的两导线的水平距离不应小于 500 mm。10 kV 及以下线路的导线排列及导线间距应符合设计要求。 3)横担的安装：当线路为多层排列时，自上而下的顺序为：高压、动力、照明、路灯。当线路为水平排列时，上层横担距杆顶不宜小于 200 mm，直线杆的单横担应装于受电侧，90°转角杆及终端杆应装于拉线侧。 4)横担端部上下歪斜及左右扭斜均不应大于 20 mm。双杆的横担，横担与电杆连接处的高差不应大于连接距离的 5‰；左右扭斜不应大于横担总长度的 1%。 5)螺栓的穿入方向为水平顺线路方向，由送电侧穿入；垂直方向，由下向上穿入，开口销钉应从上向下穿

项　目	内　容
横担组装	6)使用螺栓紧固时,均应装设平光垫圈、弹簧垫圈,每端的垫圈不应多于2个;螺母紧固后,螺杆外露丝不应少于2扣,但不应长于30 mm,双螺母可平扣
立杆	(1)立杆方法主要包括以下四种。 1)汽车式起重机立杆。汽车式起重机立杆适用范围广,安全、效率高,有条件的地方尽量采用。立杆时,先将汽车式起重机开到距坑道适当位置加以稳固,然后在电杆(从根部量起)1/2～1/3处系1根起吊钢丝绳,再在杆顶向下500 mm处临时系3根调整绳。起吊时,坑边站两人负责电杆根部进坑,另由3人各拉1根调整绳。起吊时以坑为中心,站位呈三角形,由1人负责指挥。当杆顶吊离地面500 mm时,对各处绑扎的绳扣进行一次安全检查,确认无问题后再继续起吊。电杆竖直后,调整电杆位于线路中心线上,偏差不超过50 mm,然后逐层(300 mm厚)填土夯实。填土应高于地面300 mm,以备沉降。 2)人字拔杆立杆。人字拔杆立杆是一种简易的立杆方式,其主要依靠装在人字拔杆顶部的滑轮组,通过钢丝绳穿绕杆脚上的转向滑轮,引向绞磨或手摇卷扬机来吊电杆,如图1-1所示。以立10 kV线路电杆为例,所用的起吊工具有人字拔杆1副(杆高约为电杆高度的1/2);承载3 t的滑轮组1副,承载3 t的转向滑轮1个;绞磨或手摇卷扬机1台;起吊用钢丝绳(φ10)45 m;固定人字拔杆用牵引钢丝绳两条(φ6),长度为电杆高度的1.5～2倍;锚固用的钢钎3～4根。 3)三脚架立杆。三脚架立杆也是一种较简易的立杆方式,其主要依靠装在三脚架上的小型卷扬机、上下2只滑轮、牵引钢丝绳等吊电杆。立杆时,先将电杆移到电杆坑边,立好三脚架,做好防止三脚架根部活动和下陷的措施,然后在电杆梢部系3根拉绳,以控制杆身。在电杆杆身1/2处,系1根短的起吊钢丝绳,套在滑轮吊钩上。用手摇卷扬机起吊时,当杆梢离地500 mm时,对绳扣做一次安全检查,认为确无问题后,方可继续起吊。将电杆竖起落于杆坑中,最后调正杆身,填土夯实,如图1-2所示。 4)架腿立杆。架腿立杆利用撑杆来竖立电杆,也叫撑式立杆。架腿立杆所用的架腿如图1-3所示。这种方法使用工具比较简单,但劳动强度大。在立杆少、又缺乏立杆机具的情况下可以采用,但只能竖立木杆和9 m以下的混凝土电杆。立杆时先将杆根移至坑边,对正马道,坑壁竖1块木滑板,电杆梢部系3根拉绳,以控制杆身,防止在起立过程中倾倒。然后将电杆梢抬起,到适当高度时用撑杆交替进行,向坑心移动,电杆即逐渐竖起。 (2)架腿立杆的工序(图1-4)。 1)电杆架立测位时,应在距电杆中心的某一处设标志桩,以便挖坑后仍可测量目标。不得把标志桩钉在坑位中心。立杆需挖的坑有杆坑和拉线坑,电杆的基坑有圆形和梯形坑,可根据所使用的立杆工具和电杆是否加装底盘,确定挖坑的形状,如图1-5所示。 2)直线杆的横向位移应不大于50 mm,电杆的倾斜位移应使杆梢的位移小于杆梢直径的1/2,直线杆顺线路方向位移不得超过设计的电杆挡距5%。转角杆应向外角预偏置,待紧线后回正,终端杆应向拉线侧预偏置,待紧线后回正。双杆竖立后应平直,双杆中心线与中心桩之间横向位移小于50 mm,两杆高低差小于20 mm。迈步不应大于30 mm,根开不应超过±30 mm。 3)杆位不成直线时,应在打卡盘前挖出部分填土在杆坑内校正。回填土的电杆坑应有防沉台,台高度应超过地面300 mm。杆坑底要铲平夯实,一般在9 m以上电杆或承力杆应采用底盘,采用底盘的坑底表面应保持水平,埋土时应分层夯实

表1-3 电杆埋设深度

杆长(m)	8.0	9.0	10.0	11.0	12.0	13.0	15.0
埋深(m)	1.5	1.6	1.7	1.8	1.9	2.0	2.3

注:遇有土质松软、流沙,地下水位较高等情况时,应做特殊处理。

表1-4 同杆架设线路横担间的最小垂直距离　　　　（单位:m）

架设方式	直线杆	分支和转角杆
10 kV 与 10 kV	0.80	0.45/0.60*
10 kV 与 1 kV 以下	1.20	1.00
1 kV 以下与 1 kV 以下	0.60	0.30

注: *转角或分支线如为单回线,则分支线横担距主干线横担为0.6 m;如为双回线,则分支线横担距上
　　排主干线横担为0.45 m,距下排主干线横担为0.6 m。

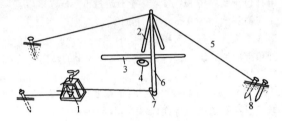

图 1-1　人字拔杆立杆示意图

1—绞磨(或手摇卷扬机);2—滑轮组;3—电杆;4—杆坑;5—牵引钢丝绳;
6—固定式拔杆;7—转向滑轮;8—锚固用钢钎

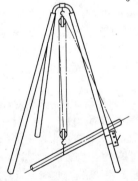

图 1-2　三脚架立杆示意图

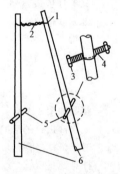

图 1-3　架腿

1—卡钉;2—用8号镀锌钢丝缠成的托链;
3—螺栓;4—用4 mm铁线缠绕的螺栓;
5—手柄部分;6—直径为80~100 mm、长为5~7 m

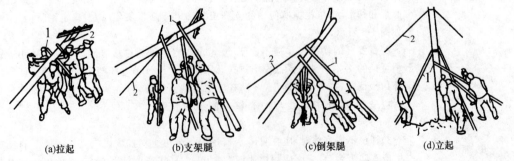

(a)拉起　　　　(b)支架腿　　　　(c)倒架腿　　　　(d)立起

图 1-4　架腿立杆法

1—架腿;2—临时拉线

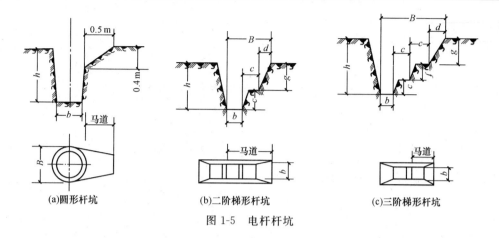

图 1-5 电杆杆坑

质量问题

杆位不直

质量问题表现

杆位组立不排直。

质量问题原因

肉眼测杆位有误差,挖坑时未留余度,立杆程序不对,造成杆位不成直线。

质量问题预防

(1)在电杆的适当部位挂上钢丝绳,吊索拴好缆风绳,挂好吊钩,在专人指挥下起吊就位。

(2)当电杆顶部离地面1 m左右时,应停止起吊,检查各部件、绳扣等是否安全,确认无误后再继续起吊。

(3)电杆起立后,调整好杆位,回填一步土,架上叉木,撤去吊钩及钢丝绳。校正好杆身垂直度及横担方向,再回填土。10 kV及以下架空电力线路基坑每填500 mm应夯实一次,填到卡盘安装位置为止。撤去缆风绳及叉木。

(4)电杆位置杆身垂直度。

1)直线杆的横向位移不应大于50 mm。直线杆的倾斜,杆梢的位移不应大于杆梢直径的1/2。

2)转角杆的横向位移不应大于50 mm。转角杆应向外预偏,紧线后不应向内倾斜,而应向外角倾斜,其杆梢位移不应大于杆梢直径。

3)终端杆应向拉线侧预偏,其预偏值不应大于杆梢直径。紧线后不应向受力侧倾斜。

架空线路导线出现背扣、死弯

质量问题表现

(1)导线出现背扣、死弯等现象。

(2)多股导线松股、抽筋、扭伤。

质量问题原因

(1)在放整盘导线时,没有采用放线架或其他放线工具;人工放线时没有按图1-6(a)所示的正确方法放线,而采用如图1-6(b)所示的错误方法,使导线出现背扣、死弯等现象。

(2)在电杆的横担上放线拉线,使导线磨损、蹭伤,严重时会造成断股。

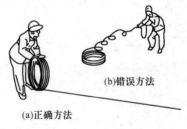

图1-6　人工放线

质量问题预防

(1)为避免放线时发生导线损伤,在施工中要统一指挥,做好各项准备工作。将线轴运送到各放线段的耐张杆处,尽量把长度相同的线轴放在一起。导线展放前要明确分工,由专人看护检查线轴(盘)是否平衡稳定,专人护线防止导线发生磨伤、断股、背花等损伤,并防止行人、车辆横跨或碾压导线行走。

(2)放线一般采用拖放法,将线盘架设在放线架上或其他放线工具拖放导线。拖放导线前应沿线路清除障碍物,石砾地区应垫以隔离物(草垫),以免磨损导线。

(3)在放线段内的每根杆上挂一个开口放线滑轮(滑轮直径应不小于导线直径的10倍)。对于铝导线,应采用铝制滑轮或木滑轮,钢导线应用钢滑轮,也可用木滑轮,这样既省力又不会磨损导线。

(4)导线出现背扣、死弯、松股、抽筋、扭伤严重者,应更换新导线。

第二节　变压器安装

一、施工质量验收标准

变压器安装的质量验收标准见表 1-5。

表 1-5　变压器安装的质量验收标准

项　　目	内　　容
主控项目	（1）变压器安装位置应正确,附件齐全,油浸变压器油位正常,无渗油现象。 （2）接地装置引出的接地干线与变压器的低压侧中性点直接连接,接地干线与箱式变电所的 N 母线和 PE 母线直接连接,变压器箱体、干式变压器的支架或外壳应接地(PE)。所有连接应可靠,紧固件及防松零件齐全。 （3）变压器必须按相应规定交接试验合格。 （4）箱式变电所及落地式配电箱的基础应高于室外地坪,周围排水通畅。用地脚螺栓固定的螺母齐全,拧紧牢固;自由安放的应垫平放正。金属箱式变电所及落地式配电箱,箱体应接地(PE)或接零(PEN)可靠,且有标志。 （5）箱式变电所的交接试验,必须符合下列规定。 　1）由高压成套开关柜、低压成套开关柜和变压器三个独立单元组合成的箱式变电所高压电气设备部分,按《建筑电气工程施工质量验收规范》(GB 50303—2002)的规定交接试验合格。 　2）高压开关、熔断器等与变压器组合在同一个密闭油箱内的箱式变电所。交接试验按产品提供的技术文件要求执行。 　3）低压成套配电柜交接试验应符合《建筑电气工程施工质量验收规范》(GB 50303—2002)中的相关规定
一般项目	（1）有载调压开关的传动部分润滑应良好,动作灵活,点动给定位置与开关实际位置一致,自动调节符合产品的技术文件要求。 （2）绝缘件应无裂纹、缺损和瓷件瓷釉损坏等缺陷,外表清洁,测温仪表指示准确。 （3）装有滚轮的变压器就位后,应将滚轮用能拆卸的制动部件固定。 （4）变压器应按产品技术文件要求进行器身检查,当满足下列条件之一时,可不检查器身。 　1）制造厂规定不检查器身者。 　2）就地生产仅做短途运输的变压器,且在运输过程中有效监督,无紧急制动、剧烈振动、冲撞或严重颠簸等异常情况者。 （5）箱式变电所内外涂层完整、无损伤,有通风口的风口防护网完好。 （6）箱式变电所的高低压柜内部接线完整,低压每个输出回路标记清晰,回路名称准确。 （7）装有气体继电器的变压器顶盖,沿气体继电器的气流方向有1.0%～1.5%的升高坡度

二、标准的施工方法

变压器安装标准的施工方法见表 1-6。

表 1-6　变压器安装标准的施工方法

项　　目		内　　容
变压器稳装		(1)根据现场条件,变压器就位可用汽车式起重机直接甩进变压器室内,或用道木搭设临时轨道,用三步搭、吊链吊至临时轨道上,然后用吊链拉入室内合适位置。 (2)变压器就位时,应注意其方位和距墙尺寸应与图纸相符,允许误差为±25 mm、图纸无标注时,纵向按轨道定位,横向距离不得小于 800 mm,距门不得小于 1 000 mm,并应使屋内吊环的垂线位于变压器中心,以便于吊芯;干式变压器安装图纸无注明时,安装、维修的最小环境距离应符合产品要求。 (3)变压器基础的轨道应水平,轨距与轮距应匹配,装有气体继电器的变压器,应使其顶盖沿气体继电器气流方向有 1%～1.5% 的升高坡度(制造厂规定不需安装坡度者除外)。 (4)变压器宽面推进时,低压侧应向外;窄面推进时,油枕侧一般应向外。在装有开关的情况下,操作方向应留有 1 200 mm 以上的宽度。 (5)油浸变压器的安装,应考虑能在带电的情况下,便于检查油枕和套管中的油位、上层油温、瓦斯继电器等。 (6)装有滚轮的变压器,滚轮应能转动灵活,在变压器就位后,应将滚轮用能拆卸的制动装置加以固定。 (7)变压器的安装应采取抗地震措施,按《建筑电气通用图集(92DQ2)》"变压器防震做法图"中的要求进行安装
变压器吊芯检查及交接试验	变压器吊芯检查	(1)变压器安装前应做吊芯检查。制造厂规定不检查器身者;就地生产仅做短途运输的变压器,且在运输过程中有效监督,无紧急制动、剧烈振动、冲撞或严重颠簸等异常情况者,可不做吊芯检查。 (2)吊芯检查应在气温不低于 0℃、芯子温度不低于周围空气温度、空气相对湿度不大于 75% 的条件下进行(器身暴露在空气中的时间不得超过 16 h)。 (3)所有螺栓应紧固,并应有防松措施。铁芯应无变形,表面漆层良好,铁芯还应接地良好。 (4)线圈的绝缘层应完整,表面无变色、脆裂、击穿等缺陷,高低压线圈无移动变位情况。 (5)线圈间、线圈与铁芯、铁芯与轭铁间的绝缘层应完整无松动。 (6)引出线绝缘良好,包扎紧固无破裂情况,引出线固定应牢固可靠并紧固,引出线与套管连接牢靠,接触良好紧密,引出线接线正确。 (7)测量可接触到的穿芯螺栓、轭铁夹件及绑扎钢带对铁轭、铁芯、油箱及绕组压环的绝缘电阻,使用 2 500 V 兆欧表测量,持续时间为 1 min,应无闪络及击穿现象。 (8)油路应畅通,油箱底部清洁无油垢杂物,油箱内壁无锈蚀。 (9)芯子检查完毕后,应用合格的变压器油冲洗,并从箱底油堵将油放净。吊芯过程中,芯子与箱壁不应碰撞。 (10)吊芯检查后如无异常,应立即将芯子复位并注油至正常油位。吊芯、复位、注油必须在 16 h 内完成。 (11)吊芯检查完成后,要对油系统密封进行全面仔细的检查,不得有漏油、渗油现象
	变压器的交接试验	(1)变压器的交接试验应由当地供电部门许可的试验室进行。试验标准应符合《电气装置安装工程 电气设备交接试验标准》(GB 50150—2006)的要求,还应符合当地供电部门的规定及产品技术资料的要求。 (2)变压器交接试验的内容:电力变压器的试验项目,应符合《电气装置安装工程 电气设备交接试验标准》(GB 50150—2006)的规定

续上表

项　目		内　容
变压器送电试运行及验收	变压器试运行前的检查	变压器试运行前应做全面检查,确认符合试运行条件时方可投入运行。变压器试运行前,必须由质量监督部门检查合格
	送电试运行	(1)变压器第一次投入时,可全压冲击合闸,冲击合闸时一般可由高压侧投入。 (2)变压器第一次受电后,持续时间不应少于 10 min,且无异常情况。 (3)变压器应进行 5 次全压冲击合闸,且无异常情况,励磁涌流不应引起保护装置误动作。 (4)油浸变压器带电后,检查油系统不应有渗油现象。 (5)变压器试运行要注意冲击电流,空载电流,一、二次电压,温度,并做好详细记录;干式变压器自动风冷系统应能正常工作并达到设计要求。 (6)变压器并列运行前,应核对好相位。 (7)变压器空载运行 24 h,无异常情况,方可投入运行
	验收	(1)变压器开始带电起,24 h 后无异常情况,应办理验收手续。 (2)验收时,应移交的资料和文件包括: 1)安装技术记录、器身检查记录、干燥记录、质量检验及评定资料、电气交接试验报告等; 2)施工图纸及设计变更说明文件; 3)制造厂的产品说明书、试验记录、合格证件及安装等技术文件。 4)备品、备件、专用工具及测试仪器清单

质量问题

变压器出现异常响声

质量问题表现

(1)"嗡嗡"声大或比平时尖锐,但响声均匀;"嗡嗡"声时高时低,但没有杂音。

(2)"嗡嗡"声大而沉重,但无杂音;"嗡嗡"声大而且嘈杂,有时出现"呼呼"吹气声或"叮当"击打声。

(3)"吱吱"放电声或"噼啪"爆裂声。

(4)"嘶嘶"声、"轰轰"声或"咕噜咕噜"声。

(5)间歇性的"咪咪"声。

质量问题原因

(1)"嗡嗡"声大或比平时尖锐,但响声均匀,是由于电源电压过高造成的。"嗡嗡"声时高时低,但无杂音,是由于变压器负荷变化较大而引起的。

(2)"嗡嗡"声大而沉重,但无杂音,是由于过负荷引起的。"嗡嗡"声大而嘈杂,有时会出现"叮当"击打声或"呼呼"吹气声,是由于内部结构松动时受到振动而引起的。

(3)"吱吱"放电声或"噼啪"爆裂声,是由于跌落式熔断器接触不良、变压器内部有放电闪络或绝缘击穿而引起的。当绝缘击穿造成严重短路时,甚至会出现巨大的轰鸣声,并伴有喷油或冒烟着火。

(4)"嘶嘶"声,是由于变压器高压套管脏污、表面釉质脱落或有裂纹而产生的电晕放电引起的。也可能是由于引线离地面的距离不够而出现间隙放电,并伴有放电火花。"轰轰"声,是由于变压器低压侧架空线发生接地引起的。"咕噜咕噜"声,是由于变压器绕组匝间短路产生短路电流,使变压器油局部发热沸腾引起的。

(5)间歇性的"咻咻"声,一般是由于铁芯接地不良而引起的。

质量问题预防

(1)与供电部门联系,降低电源电压,或切除高压侧的部分电容器。

(2)通过调整使变压器负荷尽量均衡,使变压器在额定负荷状态下运行。

(3)减少负荷并加强监视,必要时停电吊芯检查铁芯有无缺片,铁芯是否夹紧,铁芯紧固螺栓有无松动,并进行相应处理。

(4)停电检查,重点检查绝缘套管、高低压引线连接处、高低压绕组与铁芯之间的绝缘是否损坏等。如果变压器油箱内有"吱吱"放电声,并且伴随着放电声,电流表读数明显变化,有时气体保护发出信号,应对变压器调压分接开关进行检修,使其接触良好,并处理好抽头引出线处的绝缘。

(5)清洁高压套管上的脏污或更换套管。

(6)检查架空线是否有接地,并排除故障。

(7)修复绕组。

配电装置安全净距不符合要求

质量问题表现

配电装置安全净距不符合要求,引起火灾。

质量问题原因

施工人员未按要求进行施工,未装设固定遮栏。

质量问题预防

(1)屋外配电装置按如图 1-7～图 1-9 所示校验。安全净距不应小于表 1-7 所列数值,屋外电气设备外绝缘最低部位距地小于 2.5 m 时,应装设固定遮栏。

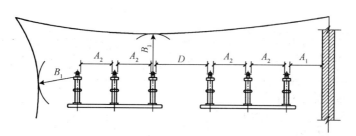

图 1-7　屋外 A_1、A_2、B_1、D 值校验图(单位:mm)

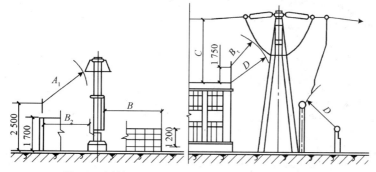

图 1-8　屋外 A_1、A_2、B_2、C、D 值校验图(单位:mm)

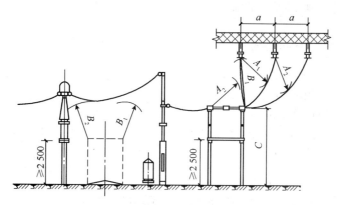

图 1-9　屋外 A_2、B_1、C 值校验图(单位:mm)

a 为不同相带电部分之间的距离

表 1-7　屋外配电装置安全净距　　　　　　　　　(单位:mm)

符号	适 应 范 围	图号	系统标称电压(kV)					
			3~10	15~20	35	66	110 J	110
A_1	(1)带电部分至接地部分之间; (2)网状遮栏向上延伸线距地2.5 m处与遮梯形上方带电部分之间	图1-7~图1-9	200	300	400	650	900	1 000

质量问题

续上表

符号	适应范围	图号	系统标称电压(kV)					
			3～10	15～20	35	66	110 J	110
A_2	(1)不同相的带电部分之间; (2)断路器和隔离开关的断口两侧引线带电部分之间	图 1-7 图 1-9	200	300	400	650	1 000	1 100
B_1	(1)设备运输时其外廓至无遮栏带电部分之间; (2)交叉的不同时停电检修的无遮栏带电部分之间; (3)栅状遮栏至绝缘体和带电部分之间; (4)带电作业时带电部分至接地部分之间	图 1-7 图 1-8	950	1 050	1 150	1 400	1 650	1 750
B_2	网状遮栏至带电部分之间	图 1-8	300	400	500	750	1 000	1 100
C	(1)无遮栏裸导体至地面之间; (2)无遮栏裸导体至建筑物、构筑物顶部之间	图 1-8 图 1-9	2 700	2 800	2 900	3 100	3 400	3 500
D	(1)平行的不同时停电检修的无遮栏带电部分之间; (2)带电部分与建筑物、构筑物的边沿部分之间	图 1-7 图 1-8	2200	2300	2400	2600	2900	3000

注:1. 110 J 指中性点接地系统。

2. 带电作业时,不同相或交叉的不同回路带电部分之间,其 B_1 值可取 $A_2 + 750$ mm。

3. 海拔超过 1000 m 时,A 值应进行修正。

4. 本表所列数值不适用于制造厂生产的成套配电装置。

(2)在不同条件下,屋外配电装置使用软导线时,带电部分至接地部分和不同相带电部分之间的最小安全净距,应根据表 1-8 进行校验,并采用其中最大数值。

表 1-8　带电部分至接地部分和不同相带电
部分之间的最小安全净距　　　　(单位:mm)

条件	校验条件	设计风速 (m/s)	A 值	系统标称电压(kV)			
				35	66	110 J	110
雷电过电压	雷电过电压和风偏	10①	A_1	400	650	900	1 000
			A_2	400	650	1 000	1 100

质量问题

续上表

条件	校验条件	设计风速 (m/s)	A 值	系统标称电压(kV)			
				35	66	110 J	110
工频过电压	(1)最大工作电压、短路和风偏(取 10 m/s 风速);	10 或最大设计风速	A_1	150	300	300	450
	(2)最大工作电压和风偏(取最大设计风速)		A_2	150	300	500	500

① 在最大设计风速为 35 m/s 及以上,以及雷暴时风速较大等气象条件恶劣的地区应采用 15 m/s。

(3)屋内配电装置应按图 1-10 和图 1-11 进行校验,安全净距不应小于表 1-9 所列数值,屋内电气设备外绝缘体最低部位距地小于 2.3 m 时,应设固定遮栏。

表 1-9 屋内配电装置安全净距 (单位:mm)

符号	适应范围	图号	系统标称电压(kV)								
			3	6	10	15	20	35	66	110 J	110
A_1	(1)带电部分至接地部分之间; (2)网状和板状遮栏向上延伸线距地 2.3 m 处与遮栏上方带电部分之间	图 1-10	75	100	125	150	180	300	550	850	950
A_2	(1)不同相的带电部分之间; (2)断路器和隔离开关断口两侧引线带电部分之间	图 1-10	75	100	125	150	180	300	550	900	1 000
B_1	(1)栅状遮栏至带电部分之间; (2)交叉的不同时停电检修的无遮栏带电部分之间	图 1-10 图 1-11	825	850	875	900	930	1 050	1 300	1 600	1 700
B_2	网状遮栏至带电部分之间	图 1-10 图 1-11	175	200	225	250	280	400	650	950	1 050
C	无遮栏裸导体至地(楼)面之间	图 1-10	2 500	2 500	2 500	2 500	2 500	2 600	2 850	3 150	3 250
D	平行的不同时停电检修的无遮栏裸导体之间	图 1-10	1 875	1 900	1 925	1 950	1 980	2 100	2 350	2 650	2 750
E	通向屋外的出线套管至屋外通道的路面	图 1-11	4 000	4 000	4 000	4 000	4 000	4 000	4 500	5 000	5 000

注:1. 110 J 系指中性点有效接地系统。

2. 当为板状遮栏时,其 B_2 值可取 A_1＋30 mm。

3. 通向屋外配电装置的出线套管至屋外地面的距离应不小于表 1-10 所列 C 值。

4. 海拔超过 1 000 m 时,A 应进行修正。

5. 本表所列各值不适用于制造厂的产品设计。

质量问题

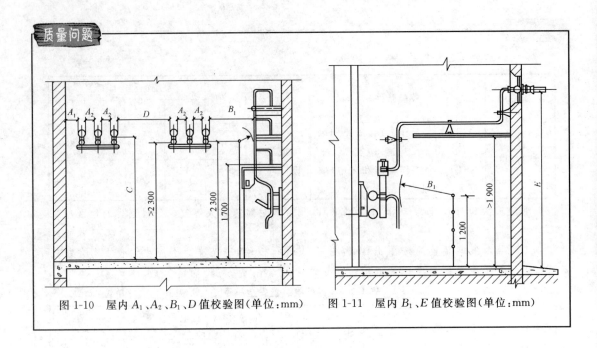

图 1-10 屋内 A_1、A_2、B_1、D 值校验图(单位:mm)   图 1-11 屋内 B_1、E 值校验图(单位:mm)

第三节 成套配电柜、控制柜(屏、台)和动力照明配电电箱安装

一、施工质量验收标准

成套配电柜、控制柜(屏、台)和动力照明配电电箱的施工质量验收标准见表 1-10。

表 1-10 成套配电柜、控制柜(屏、台)和动力照明配电电箱的施工质量验收标准

项　　目	内　　容
主控项目	(1)柜、屏、台、箱、盘的金属框架及基础型钢必需接地(PE)或接零(PEN)可靠;装有电器的可开启门、门和框架的接地端子间应用裸编织铜线连接,且有标志。 (2)低压成套配电柜、控制柜(屏、台)和动力、照明配电箱(盘)应有可靠的电击保护。柜(屏、台、箱、盘)内保护导体应有裸露的连接外部保护导体的端子,当设计无要求时,柜(屏、台、箱、盘)内保护导体最小截面积 S_p 不应小于表 1-11 的规定。 (3)手车、抽出式成套配电柜推拉应灵活,无卡阻碰撞现象。动触头与静触头的中心线应一致,且触头接触紧密,投入时,接地触头先于主触头接触;退出时,接地触头后于主触头脱开。 (4)高压成套配电柜必须按相应规定交接试验合格,且应符合下列规定。 1)继电保护元器件、逻辑元件、变送器和控制用计算机等单体校验合格。整组试验动作正确,整定参数符合设计要求。 2)凡经法定程序批准,进入市场投入使用的新高压电气设备和继电保护装置,按产品技术文件要求交接试验。 (5)低压成套配电柜交接试验,必须符合《建筑电气工程施工质量验收规范》(GB 50303—2002)有关内容的规定。

项　　目	内　　容
主控项目	（6）柜、屏、台、箱、盘间线路的线间和线对地间绝缘电阻值，馈电线路必须大于 0.5 MΩ；二次回路必须大于 1 MΩ。 （7）柜、屏、台、箱、盘间二次回路交流工频耐压试验，当绝缘电阻值大于 10 MΩ 时，用 2 500 V 兆欧表摇测 1 min，应无闪络击穿现象；当绝缘电阻值在 1～10 MΩ 时，做 1 000 V 交流工频耐压试验，时间 1 min，应无闪络击穿现象。 （8）直流屏试验，应将屏内电子器件从线路上退出，检测主回路线间和线对地间绝缘电阻值应大于 0.5 MΩ，直流屏所附蓄电池组的充、放电应符合产品技术文件要求；整流器的控制调整和输出特性试验应符合产品技术文件要求。 （9）照明配电箱（盘）安装的规定。 1）箱（盘）内配线整齐、无绞接现象。导线连接紧密，不伤芯线，不断股。垫圈下螺钉两侧压的导线截面积相同，同一端子上导线连接不多于 2 根，防松垫圈等零件齐全。 2）箱（盘）内开关动作灵活可靠，带有漏电保护的回路，漏电保护装置动作电流不大于 30 mA，动作时间不大于 0.1 s。 3）照明箱（盘）内，分别设置零线（N）和保护地线（PE 线）汇流排，零线和保护地线经汇流排配出
一般项目	（1）基础型钢安装应符合表 1-12 的规定。 （2）柜、屏、台、箱、盘相互间或与基础型钢应用镀锌螺栓连接，且防松零件齐全。 （3）柜、屏、台、箱、盘的安装垂直度允许偏差为 1.5‰，相互间接缝不应大于 2 mm，成列盘面偏差不应大于 5 mm。 （4）柜、屏、台、箱、盘内检查试验应符合下列规定： 1）控制开关及保护装置的规格、型号符合设计要求； 2）闭锁装置动作准确、可靠； 3）主开关的辅助开关切换动作与主开关动作一致； 4）柜、屏、台、箱、盘上的标志器件标明被控设备编号及名称或操作位置，接线端子有编号，且清晰、工整，不易脱色； 5）回路中的电子元件不应参加交流工频耐压试验，48 V 及以下回路可不做交流工频耐压试验。 （5）低压电器组合应符合下列规定： 1）发热元件安装在散热良好的位置； 2）熔断器的熔体规格、自动开关的整定值符合设计要求； 3）切换压板接触良好，相邻压板间有安全距离，切换时，不触及相邻的压板； 4）信号回路的信号灯、按钮、光字牌、电铃、电笛、事故电钟等动作和信号显示准确； 5）外壳需接地（PE）或接零（PEN）的，连接可靠； 6）端子排安装牢固，端子有序号，强电、弱电端子隔离布置，端子规格与芯线截面积大小适配。 （6）柜、屏、台、箱、盘间配线：电流回路应采用额定电压不低于 750 V、芯线截面积不小于 2.5 mm² 的铜芯绝缘电线或电缆；除电子元件回路或类似回路外，其他回路的电线应采用额定电压不低于 750 V、芯线截面不小于 1.5 mm² 的铜芯绝缘电线或电缆。

续上表

项　目	内　容
一般项目	二次回路连线应成束绑扎,不同电压等级,交流、直流线路及计算机控制线路应分别绑扎,且有标志;固定后不应妨碍手车开关或抽出式部件的拉出或推入。 　　(7)连接柜、屏、台、箱、盘面板上的电器及控制台、板等可动部位的电线应符合下列规定: 　　1)采用多股铜芯软电线,敷设长度留有适当余量; 　　2)线束有外套塑料管等加强绝缘保护层; 　　3)与电器连接时,端部绞紧,且有不开口的终端端子或搪锡,不松散、断股; 　　4)可转动部位的两端用卡子固定。 　　(8)照明配电箱(盘)安装应符合下列规定: 　　1)位置正确,部件齐全,箱体开孔与导管管径适配,暗装配电箱箱盖紧贴墙面,箱(盘)涂层完整; 　　2)箱(盘)内接线整齐,回路编号齐全,标志正确; 　　3)箱(盘)不采用可燃材料制作; 　　4)箱(盘)安装牢固,垂直度允许偏差为 1.5‰,底边距地面为 1.5 m,照明配电板底边距地面不小于 1.8 m

表 1-11　保护导体的最小截面积

序号	相线的截面积 $S(\mathrm{mm^2})$	相应保护导体的最小截面积 $S_p(\mathrm{mm^2})$
1	$S \leqslant 16$	S
2	$16 < S < 35$	16
3	$35 < S \leqslant 400$	$S/2$
4	$400 < S \leqslant 800$	200
5	$S > 800$	$S/4$

注:S 指柜(屏、台、盘、箱)电源进线相线截面积,且两者(S、S_p)材质相同。

表 1-12　基础型钢安装允许偏差

项　目	允许偏差	
	(mm/m)	(mm/全长)
不直度	1	5
水平度	1	5
不平行度	—	5

二、标准的施工方法

成套配电柜、控制柜(屏、台)和动力照明配电电箱标准的施工方法见表 1-13。

表 1-13　成套配电柜、控制柜(屏、台)和动力照明配电电箱标准的施工方法

项　目	内　容
设备开箱检查	(1)开箱检查应由安装单位、供货单位、监理单位(或建设单位)共同进行,并做好验收检查记录。 (2)柜、屏、箱、盘进场检查。 1)检验合格证和随带技术文件,并按设计图纸、设备清单核对设备本体、备件的规格和型号。实行生产许可证和强制性认证制度的产品,应有许可证编号和强制性认证标志"CCC"。生产厂家应提供与进场产品相适应的在有效期内的中国国家强制性产品认证证书和质量体系认证证书。 2)外观检查:设备有铭牌,柜(盘)内元器件应符合国家的有关标准且无损坏丢失,接线无脱落。金属配电箱体、配电柜钢板的厚度不应小于 1.5 mm,钢板箱门、钢板盘面厚度不应小于 2.0 mm,当箱门宽度≥500 mm 时,应采用双开门或加肋筋。钢制配电箱外壳与墙体接触部分应刷樟丹油或其他防腐漆。箱门、箱内壁、盘面可采用刷漆、烤漆或喷塑处理。处于公共场所的配电箱内须有保护板(二层板、履板)。 3)内部接线检查。 ①采用 TN—S 系统供电时,在配电箱、配电柜内应设置 N、PE 母线或端子板(排),PE、N 线经端子板配出,端子板上应预留与设备使用功能相适应的连接外部导体用的接线端子。采用 TN—C—S 系统,N、PE 重复连接后的配电箱要求同 TN—S 系统。 ②其他应符合《建筑电气工程施工质量验收规范》(GB 50303—2002)中的相关规定
设备搬运	由起重工作业,电工配合。根据设备重量、距离长短,可采用汽车式起重机配合运输,人力推车运输或卷扬机滚杠运输
基础型钢安装	(1)调直型钢:将有弯的型钢调直、除锈,然后按照实测的配电柜尺寸预制加工基础型钢架(加工的尺寸应比实测值长、宽各大 2 mm),将焊口磨光后通体刷好防锈漆。 (2)按照施工图纸所标位置,将预制好的基础型钢放在预留铁件上(或混凝土地面上),用水准仪找平、找正。找平过程中,需用垫片的地方最多不能超过 3 片,然后将基础型钢架、预埋铁、垫片用电焊焊牢(无预埋铁的直接用膨胀螺栓固定)。 (3)安装在室外的配电柜下应有不低于 250 mm 的设备基础(包括槽钢高度);安装在室内潮湿场所的配电柜下宜有 150～200 mm 的设备基础(包括槽钢高度);安装于室内干燥处的配电柜最终基础型钢顶部宜高出抹平地面 50～100 mm。手车柜基础型钢顶面与抹平地面相平(不铺胶垫时)。 (4)基础型钢安装允许偏差见表 1-12。 (5)基础型钢与地线的连接。 1)配电室内配电柜的基础型钢安装完毕后,应将引自室外的接地扁钢分别与基础槽钢焊牢(成排配电柜的基础槽钢应两点接地)。焊接长度为扁钢宽度的 2 倍,然后将槽钢上所有焊口清除药皮、刷防锈漆后,再通长刷 2 遍灰漆;当建筑物有总等电位联结时,应从配电柜内接地母排(MEB 端子板)引出不小于 25 mm² 黄/绿双色 BV 线,并与配电柜基础型钢焊接的接地螺栓(不小于 M8)可靠压接。

项　　目	内　　容
基础型钢安装	2)建筑物其余地点安装的配电柜基础型钢应焊接接地螺栓(不小于 M8),接地线应采用裸铜线或黄/绿双色 BV 线(不小于 16 mm²)可靠连接至配电柜内 PE 母排上。螺栓应按表 1-14 进行选择
柜(盘)稳装	(1)应按照施工图纸(或变更洽商)的布置,按顺序将配电柜放在基础型钢上。 (2)单独柜(盘)只找柜面和侧面的垂直度。成列柜(盘)各台就位后,先找正两端的柜,在从柜下至上 2/3 高的位置绷上小线,逐台找正,柜不标准时以柜面为准。找正时采用 0.5 mm 铁片进行调整,每处垫片最多不超过 3 片。 (3)按配电柜上预留固定螺栓尺寸,在基础型钢上用铅笔画好十字线,用手枪钻钻长孔(不准用电、气焊割孔)。一般无要求时,低压柜钻 φ12.2 孔,高压柜钻 φ16.2 孔,分别用 M12、M16 镀锌螺栓固定。 (4)柜、屏、台、箱、盘安装垂直度允许偏差为 1.5‰,相互间接缝不应大于 2 mm,成排盘面偏差不应大于 5 mm。 (5)柜(盘)就位,找正、找平后,柜体与基础型钢固定(螺栓的选择如上所述,平光垫圈、弹簧垫应齐全);柜体与柜体、柜体与侧挡板均用镀锌螺栓连接(选择 M8 或 M10 的螺栓,每个柜体连接面至少固定两处)。 (6)柜(盘)接地:每台柜(盘)的框架应单独与柜内 PE 母线连接,装有电器的可开启门,门和框架的接地端子间应用裸编织铜线连接,且有标志。导线截面积应符合表 1-15 的规定。 (7)配电室内除本室需用的管道外,不应有其他的管道通过。室内的管道上不应有阀门,管道与散热器的连接应采用焊接。 (8)成排布置的配电柜的长度超过 6 m 时,柜后的通道应有两个通向本室或其他房间的出口,并应布置在通道的两端,当两出口之间的距离超过 15 m 时,其间还应增加出口。 (9)成排布置的配电柜,其柜前和柜后的通道宽度不应小于表 1-16 的规定
柜(盘)内母线的配置	(1)电源母线应有永久性彩色分相标志(涂色标漆或贴标志),一般应按表 1-17 的规定布置(特殊情况应与当地供电部门协商)。 (2)母线(L1、L2、L3、N)上可应用聚酯薄膜整块包裹(在连接处和支持件两侧 10 mm 以内不做处理),绝缘等级应达到 B 级,耐压等级应与使用环境相适应,高温燃烧时不应释放有毒气体。裸母线(L1、L2、L3、N)外侧应用阻燃绝缘板作可靠的防护,绝缘板上应喷涂醒目的警示标志。 (3)柜(屏、台、箱、盘)内保护导体(PE 干线)最小截面积不应小于表 1-11 的规定。 (4)当设计要求总等电位联结时,对于 TN−S 系统,在配电室第一面电源柜处应用不小于 25 mm² BV 铜导线将柜内 PE 母排与总等电位端子箱内的 MEB 端子板可靠连接;对于 TN−C−S 系统,在配电室第一面电源柜(或Ⅱ接柜)处对柜内 PEN 干线做重复接零(直接与从接地极引来的接地干线可靠连接);同时用不小于 25 mm² BV 铜导线将柜内 PE 母排与总等电位端子箱内的 MEB 端子板可靠连接。 (5)母线采用螺栓连接时,平置母线的连接螺栓应由下向上穿,其余情况下(包括 N、PE 母排)螺母应置于维护侧,螺栓、平光垫圈及弹簧垫必须为热浸镀锌件且选用国标产品。螺栓长度应考虑在螺栓紧固后螺纹能外露出螺母 2～3 扣。母线上搭接螺栓的紧固力矩应用扭力扳手抽测并应符合表 1-18 的规定

续上表

项　目	内　容
柜盘二次线连接	（1）按原理图逐台检查柜（盘）上的全部电器元件是否相符，其额定电压和控制、操作电源电压必须一致。 （2）按图敷设柜间控制电缆连接线。 （3）控制线校线后，应用白色套管做好标志（应使用不易褪色的记号笔书写），然后将每根芯线撮成圆圈，并将镀锌螺钉、平光垫圈、弹簧垫连接在端子板上。端子板上每个端子压一根导线，最多不能超过2根（导线等截面同时线间加平光垫圈）。多股导线应涮锡，不准有断股
柜（盘）试验调整	（1）高压试验。应由当地供电部门许可的试验单位进行。试验标准应符合国家相关规范、标准和当地供电部门的规定及产品技术资料的要求。 （2）试验内容。高压柜框架、母线、避雷器、高压瓷瓶、电压互感器、电流互感器、高压开关等。 （3）调整内容。过流继电器调整，时间继电器、信号继电器调整及机械连锁调整。 （4）二次控制线调整及模拟试验。 1）将所有的接线端子螺钉再对照图纸检查一遍并重新紧固。 2）绝缘摇测。柜、屏、台、箱、盘间线路的线间和线对地间绝缘电阻值，二次回路必须大于1 MΩ。 3）接通临时电源。将柜（盘）内的控制、操作电源总断路器（或隔离开关）的进线拆掉，接上临时电源。 4）模拟试验。按照图纸要求，分别进行模拟试验控制、连锁、操作、继电保护和信号动作，所有试验应正确无误、灵敏可靠。 5）拆除临时电源，将正式电源线复位。 （5）带漏电保护的断路器的调整及模拟试验。 1）接通临时电源。将带漏电开关的照明柜（盘）内的控制、操作电源总断路器（或隔离开关）的进线拆掉，接上临时电源。 2）检查回路上器具接线的正确性。特别是户内的带漏电开关的插座回路，应用接线检测器全数检查。 3）使用漏电开关测试仪测试每个漏电保护装置的动作电流和动作时间，必须符合设计要求。同时应重点检验不同级别漏电开关动作的协调性。 4）拆除临时电源，将正式电源线复位。 （6）不间断电源柜及蓄电池组安装及充放电指标均应符合产品技术条件及施工规范。电池组母线对地绝缘电阻值为110 V蓄电池不小于0.1 MΩ；220 V蓄电池不小于0.2 MΩ
送电运行验收	合进线柜开关—合变压器柜开关—合低压柜进线开关。 （1）由供电部门检查合格后，将电源送进室内，经过验电、校相无误。 （2）由安装单位合进线柜开关，用开关对所带电缆及变压器冲击三次（先投保护），无问题后不拉开。检查PT柜上电压表三相是否电压正常，同时核对相位。 （3）合变压器柜进线开关，检查电压表三相电压是否正常。 （4）合低压柜进线开关，检查电压表三相电压是否正常。 （5）按上述（2）～（4）项，送其他柜的电源。

项　目	内　容
送电运行验收	（6）在低压联络柜内，对开关的上下侧（开关未合状态）进行同相校核。用电压表或万用表的电压挡 500 V 进行测量，并以表的两个测针分别接触两路的同一相，电压表读数应为零，表示两路电源相位一致。用同样的方法检查其他两相。双路互投的控制柜也应按此方法核相。 （7）验收。送电空载运行 24 h，用远红外测温仪测量各接点温升正常，同时所有动力设备包括水泵、风机、各种电动（电磁、防火）阀类必须全数进行重新调试，确保运转方向和联动顺序的正确性，无异常现象后方可办理验收手续，交建设单位使用。同时提交规定的技术资料

表 1-14　保护接地端子选择标准

序号	电器约定发热电流 ITH(A)	接地螺栓的最小规格
1	$ITH \leqslant 20$	M4
2	$20 < ITH \leqslant 200$	M6
3	$200 < ITH \leqslant 630$	M8
4	$630 < ITH \leqslant 1\,000$	M10
5	$1\,000 < ITH$	M12

表 1-15　铜连接导线的截面积

序号	额定工作电流 I_e(A)	连接导线的最小截面积 S_p(mm²)
1	$I_e \leqslant 20$	S
2	$20 < I_e \leqslant 25$	2.5
3	$25 < I_e \leqslant 32$	4
4	$32 < I_e \leqslant 63$	6
5	$I_e > 63$	10

注：S 指相导线截面积。

表 1-16　配电柜前（后）通道宽度　　　　　　　　　　　　（单位：m）

装置种类	单排布置			双排对面布置			双排背对背布置			多排同向布置		
	柜前	柜后		柜前	柜后		柜前	柜后		柜间	前后排柜距墙	
		维护	操作		维护	操作		维护	操作		维护	操作
固定式	1.5 (1.5)	1.0 (0.8)	1.2	2.0	1.0 (0.8)	1.2	1.5 (1.3)	1.0	1.3	2.0	1.5 (1.3)	1.0 (0.8)
抽屉式	1.8 (1.6)	0.9 (0.8)	—	2.3	0.9 (0.8)	—	1.8 (1.6)	1.0		2.3	1.8 (1.6)	0.9 (0.8)

注：括号内的数字为有困难时（如受建筑平面限制、通道内墙面有凹凸的柱子或暖气片等）的最小宽度。

表 1-17 母线安装

序号	相别	色标	母线安装位置		
			垂直安装	水平安装	引下线
1	L1	黄	上	后(内)	左
2	L2	绿	中	由	中
3	L3	红	下	前(外)	右
4	N	淡蓝	最下	最外	最右
5	PEV	绿/黄	—	—	—

表 1-18 母线搭接螺栓的拧紧力矩值

序号	螺栓规格(mm)	力矩值(N·m)
1	M8	8.8～10.8
2	M10	17.7～22.6
3	M12	31.4～39.2
4	M14	51.0～60.8
5	M16	78.5～98.1
6	M18	98.0～127.4
7	M20	156.9～196.2
8	M24	274.6～343.2

质量问题

基础型钢埋设方法不当,使柜之间拼缝不平整

质量问题表现

基础型钢埋设方法不当,误差过大。柜与柜并立安装时拼缝不平整。

质量问题原因

基础型钢埋设方法不当,未找平找正,在型钢上开螺孔采用气割开孔造成型钢因受热而变形。

质量问题预防

在土建施工时,一定要做好基础型钢的埋设工作,保证基础型钢的安装质量。

(1)埋设方法一般包括直接埋设法和预留槽埋设法两种。

质量问题

1) 直接埋设法。这种埋设法是在土建打混凝土时,直接将基础型钢埋设好。埋设前先将型钢调直,除去铁锈,按图纸尺寸下好料并钻好孔。然后在埋设位置找出型钢的中心线,再按图纸的标高尺寸,测量其安装位置,并做上记号;记号要正确,以免造成过大误差。将型钢放在所测量的位置上,使其与记号对准,并用水平尺调好水平。水平误差每米不超过 1 mm;全长不超过 5 mm。配电柜的基础型钢一般为两根,埋设时应使其平行,并处于同一水平。也可用水平尺调整,如水平尺不够长,可用一平板尺放在两型钢上面,水平尺放在平板尺上,水平低的型钢可用铁片垫高。埋设的型钢可高出地面 5～10 mm(型钢是否需要高出地面,应根据设计规定)。水平调好后,可将型钢固定。固定方法一般是将型钢焊在钢筋上,也可将型钢用铁丝绑在钢筋上。为了防止钢筋下沉而影响水平,可在型钢下支一些钢筋,使其稳固。全部工作做完后,应再仔细检查安装尺寸和水平。

2) 预留槽埋设法。这种埋设法是在土建打混凝土时,根据图纸的要求在埋设位置预埋好用钢筋做成的钢筋钩(此钢筋钩用来焊在型钢上,使型钢基础牢固地打在混凝土内),并且预留出型钢的空位。预留空位的方法是在浇混凝土地面的时候,在地面上埋入比型钢略大的木盒(一般大 30 mm 左右)。待混凝土凝固后,将埋入的木盒取出,再埋设基础型钢。埋设型钢时,应先将预留的空位清扫干净。按上述要求将型钢加工,然后将型钢放入埋设位置。并按上述方法和要求调好水平。水平调好后,把预埋的钢筋焊在型钢上,使其固定。型钢的周围可用 1:2 的混凝土填充并捣实。

(2) 配电柜(盘)基础型钢安装如图 1-12 所示。安装基础型钢时,应用水平尺找平、找正。将水平尺放在基础型钢顶面上,观察气泡的位置,适当地调整型钢的水平度,待气泡在中间位置上即可。基础型钢安装的不直度及水平度,每米长应不大于 1 mm,全长应不大于 5 mm;基础型钢的位置偏差及不平行度,全长应小于 5 mm,以保证柜(盘)对整个控制室或配电室的相对位置。

安装配电柜应在浇筑基础型钢的混凝土凝固后进行。成排配电柜安装立柜时,可先把每个柜调整到大致的水平位置,然后再精确地调整第一个柜,再以第一个柜为标准将其他柜逐次调整。调整顺序,可以从左到右,或从右到左,也可以先调中间一柜,然后左右分开调整。调整好的配电柜,应盘面一致,排列整齐。柜与柜之间应用螺栓拧紧,无明显缝隙。配电柜的水平误差不应大于 1‰,垂直误差不应大于其高度的 1.5‰。调整完毕后应全部检查一遍,是否都符合质量要求,然后用电焊或连接螺栓将配电柜底座固定在基础型钢上。用电焊,每个柜的焊缝不应小于四处,每处焊缝长约 100 mm 左右。为了美观,焊缝应在柜体的内侧。焊接时,应把垫于柜下的垫片也焊在基础型钢上。用螺栓连接,应在基础型钢上用电钻钻孔,不得用氧割开孔。

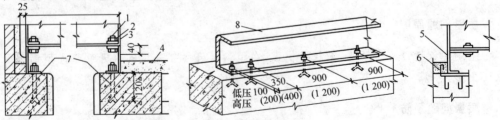

图 1-12　基础型钢安装

1—M12 螺栓;2—弹簧垫圈;3—垫圈;4—地坪;5—基础型钢;
6—底板;7—M12 地脚螺栓;8—10 号槽钢 100×48×5.3

照明配电箱安装位置不合适

质量问题表现

照明配电箱安装在水池边上,有水进入配电箱,发生短路。

质量问题原因

照明配电箱安装在不恰当的地方,如散热器上方、楼梯踏步侧墙上等,不利于操作和维修,不能保证使用安全。

质量问题预防

配电箱一般设在过道内,但对于公共建筑场所,应设在管理区域内。多层建筑各层配电箱应尽量设在同一垂直位置上,以便于干线立管敷设和供电。住宅楼总配电箱和单元及梯间配电箱,一般应安装在梯间过道的墙壁上,以便支线立管的敷设。

(1)为了保证使用安全,配电箱与采暖管距离不应小于 300 mm;与给水排水管道不应小于 200 mm;与煤气管、表不应小于 300 mm。

(2)配电箱不应设在散热器上方,如图 1-13 所示。也不应安装在水池或水门的上、下侧,如果必须安装在水池、水门的两侧时,其垂直距离应保持在 1 m 以上,水平距离不得小于 0.7 m。

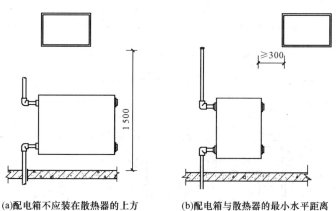

(a)配电箱不应装在散热器的上方   (b)配电箱与散热器的最小水平距离

图 1-13　配电箱与散热器的位置关系(单位:mm)

(3)配电箱不宜设在建筑物外墙内侧,防止室内、外温差变化大,箱体内结露产生不安全因素。

(4)配电箱不应设在楼梯踏步的侧墙上,如图 1-14 所示,既不利于操作和维修,也不安全。

质量问题

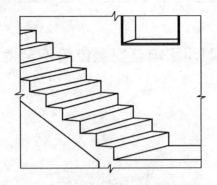

图 1-14　配电箱不应装在楼梯踏步的上方

(5)配电箱如安装在墙角处时,其位置应能保证箱门向外开启180°,以方便维修和操作;配电箱也不宜设在建筑物的纵横墙交接处,箱体及引上导管将影响墙体砌筑的接槎,减弱墙体的拉结强度,如图 1-15 所示。

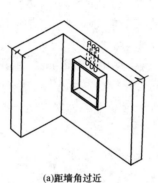 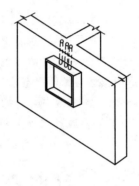

(a)距墙角过近　　　　　　　　(b)配电箱不应设在纵、横墙交接处

图 1-15　配电箱不正确安装位置

(6)普通砖砌体墙,在门、窗、洞口旁设置配电箱时,箱体边缘距门、窗框或洞口边缘不宜小于 0.37 m,如图 1-16 所示。

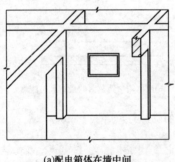 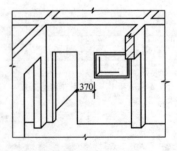

(a)配电箱体在墙中间　　　　　　(b)箱体距门框边缘0.37 m

图 1-16　配电箱的正确安装位置

高低压成套配电柜不进行试验就进行通电试运行

质量问题表现

高压配电柜内的电气设备易发生故障,影响使用。

质量问题原因

施工人员未严格按施工规范要求进行电气交接试验,缺乏施工经验。

质量问题预防

高压成套配电柜必须按《电气装置安装工程电气设备交接试验标准》(GB 50150—2006)进行试验,试验后由供电部门许可的试调单位进行。

(1)互感器试验。

(2)断路器试验。

(3)隔离开关、负荷开关及变压熔断器试验。

(4)套管试验。

(5)悬式绝缘子和支柱绝缘子的试验。

(6)电容器试验。

(7)绝缘油试验。

(8)避雷器试验。

(9)继电器保护元件、继电器进行校验和调整。包括电流继电器、时间继电器、信号继电器调整及机械连锁调整定值,整定值应符合设计、供电部门的要求,对于微机操作的配电柜直接将各参数输入至配电柜的控制单元,整组试验动作正确。

(10)二次回路试验。

(11)低压成套配电柜交接试验。

第四节　低压电机、电加热器及电动执行机构检查接线

一、施工质量验收标准

低压电机、电加热器及电动执行机构检查接线的质量验收标准见表1-19。

表1-19　低压电机、电加热器及电动执行机构检查接线的质量验收标准

项　目	内　容
主控项目	(1)电机、电加热器及电动执行机构的可接近裸露导体必需接地(PE)或接零(PEN)。 (2)电机、电加热器及电动执行机构绝缘电阻值应大于0.5 MΩ。 (3)100 kW以上的电机,应测量各相直流电阻值,相互差不应大于最小值的2%;无中性点引出的电机,测量线间直流电阻值,相互差不应大于最小值的1%
一般项目	(1)电气设备安装应牢固,螺栓及防松零件齐全,不松动。防水防潮电气设备的接线入口及接线盒等应做密封处理。

续上表

项 目	内 容
一般项目	(2)除电机随带技术文件说明不允许在施工现场抽芯检查外,有下列情况之一的电机,应做抽芯检查。 1)出厂时间已超过制造厂保证期限。无保证期限的已超过出厂时间1年以上。 2)外观检查、电气试验、手动盘转和试运转,有异常情况。 (3)电机抽芯检查应符合下列规定。 1)线圈绝缘层完好,无伤痕。端部绑线不松动,槽楔固定、无断裂,引线焊接饱满,内部清洁,通风孔道无堵塞。 2)轴承无锈斑,注油(脂)的型号、规格和数量正确,转子平衡块紧固,平衡螺钉锁紧,风扇叶片无裂纹。 3)连接用紧固件的防松零件齐全完整。 4)其他指标符合产品技术文件的特有要求。 (4)在设备接线盒内裸露的不同相导线间和导线对地间最小距离应大于8 mm,否则应采取绝缘防护措施

二、标准的施工方法

低压电机、电加热器及电动执行机构检查接线标准的施工方法见表1-20。

表1-20　低压电机、电加热器及电动执行机构检查接线标准的施工方法

项 目	内 容
设备开箱点件	(1)设备开箱点件应由安装单位、供货单位会同建设单位代表共同进行,并做好记录。 (2)按照设备清单、技术文件,对设备及其附件、备件的规格、型号、数量进行详细核对。 (3)检查设备外观应无损伤及变形,涂层完好,符合设计要求
安装前的检查	(1)电机、电加热器、电动执行机构本体、控制和启动设备应完好。盘动转子应轻快,无异常声响。 (2)定子和转子分箱装运的电机,其铁心转子和轴颈应完整,无锈蚀现象。 (3)电机的附件、备件应齐全无损伤
电机、电加热器及电动执行机构安装	电机、电加热器及电动执行机构与其他设备配套连接,其安装主要由其他专业人员进行,电气专业配合进行检查
电机抽芯检查	电机抽芯检查,应符合《建筑电气工程施工质量验收规范》(GB 50303—2002)的要求
电机干燥	(1)电机由于运输、保管或安装后受潮,绝缘电阻或吸收比达不到规范要求,应进行干燥处理。 (2)电机干燥工作前应根据电机受潮情况制定烘干方法及有关技术措施。 (3)烘干温度要缓慢上升,1 h上升5℃~8℃,铁芯和线圈的最高温度应控制在70℃~80℃。 (4)当电机绝缘电阻值达到规范要求时,且在同一温度下经5 h稳定不变时,方可认为干燥完毕

续上表

项　目	内　容
电机干燥	(5)烘干工作可根据现场情况、电机受潮程度选择以下方法进行。 1)循环热风干燥室烘干。 2)灯泡干燥法。灯泡可采用红外线灯泡或一般灯泡,使灯光直接照射在绕组上。 3)电流干燥法。采用低压电压,用变阻器调节电流,控制在电机额定电流的60%以内,并应设置测温计,随时监视干燥温度
控制、保护和启动设备安装	(1)安装前应检查设备是否与电机容量相符。 (2)电动执行机构的控制箱(盒)与其接线盒一般为分开就近安装,执行器的机械传动部分灵活,保护接零完善。 (3)电机应装设过流和短路保护装置,并应根据设备需要装设相序断相和低电压保护装置。 (4)引至电机接线盒的明敷导线长度应小于0.3 m,并应加强绝缘,易受机械损伤的地方应套保护管。 (5)直流电机、同步电机与调节电阻回路及励磁的连接,应采用铜导线。导线不应有接头。调节电阻器应接触良好。 (6)电机的定子绕组按电压的不同和电机铭牌的要求,接成星形或三角形形式
试运行前的检查	(1)土建工程全部结束,现场清扫整理完毕。 (2)电机、电加热器、电动执行机构本体安装检查结束。 (3)冷却、调速、滑润等附属系统安装完毕,验收合格,分部试运行情况良好。 (4)电机保护、控制、测量、信号、励磁等回路的调试完毕动作正常。 (5)电动机应做以下试验。 1)测量绝缘电阻。低压电机使用1 kV兆欧表进行测量,绝缘电阻值不低于0.5 MΩ。 2)1 000 V或1 000 kW以上、中性关连线已引至出线端子板的定子绕组应分相做直流耐压级泄漏试验。 3)100 kW以上的电机应测量各相直流电阻值,其相互阻值差不应大于最小值的2%;无中性点引出的电机,测量线间直流电阻值,其相互阻值差不应大于最小值的1%。 (6)电刷与换向器或滑环的接触应良好。 (7)盘动电机转子应转动灵活,无碰卡现象。 (8)电机引出线应相位正确,固定牢固,连接紧密。 (9)电机外壳油漆完整,保护接地良好
试运行及验收	(1)试运行。 1)电机试运行一般应在空载的情况下进行,空载运行时间为2 h,并做好电机空载电流电压记录。 2)电机试运行接通电源后,如发现电机不能启动和启动时转速很低或声音不正常等现象,应立即切断电源检查原因。 3)启动多台电机时,应按容量从大到小逐台启动,不能同时启动。 4)电机试运行中应进行下列检查: ①电机的旋转方向符合要求,声音正常; ②换向器、滑环及电刷的工作情况正常;

续上表

项　目	内　容
试运行及验收	③电机的温度不应有过热现象； ④滑动轴承温升不应超过80℃,滚动轴承温升不应超过95℃； ⑤电机的振动应符合规范要求。 5)交流电机带负荷启动次数应尽量减少,如产品无规定时,在冷态时可连续启动2次；在热态时,可启动1次。 (2)验收。电机验收时,应提交下列资料和文件： 1)设计变更洽商； 2)产品说明书、试验记录、合格证等技术文件； 3)安装记录(包括电机抽芯检查记录、电机干燥记录等)； 4)调整试验记录

质量问题

电动机抽芯检查项目不完全,安装时检查不够

质量问题表现

(1)线圈绝缘层有伤痕,绑线松动,通风孔道堵塞,连接用紧固件的防松零件不齐全。

(2)盘动转子出现碰卡声,润滑脂出现变质等现象。

质量问题原因

施工人员对施工规范要求不熟悉,未严格按照施工规范进行施工,缺乏经验。

(1)电动机抽芯后,未对电动机进行全面检查；检查不到位再返工,既浪费时间也不易保证质量。

(2)电动机在安装时,未对转子的转动情况等进行检查。

质量问题预防

(1)当电机有下列情况之一者,应进行抽芯检查：

1)出厂日期超过制造厂保证期限；

2)出厂日期已超过一年,且制造厂无保证期限时；

3)进行外观检查或电气试验,质量有可疑的；

4)开启式电机经端部检查有可疑的；

5)电机试运转时有异常声音,或者有其他异常情况的。

(2)电机拆卸抽芯检查前应编制抽芯工艺,并应注意以下几点。

1)工作场应保持清洁,拆卸抽芯应在室内操作。工作温度在5℃以上,湿度在75%以下,不得在尘土飞扬等不良环境下操作。

质量问题

2）抽芯前应在大小盖、刷架等部位上做好标记，防止错位。直流电机应取出碳刷，绕线型感应电动机应将碳刷提起，用绳扎牢或将刷架拆除。

3）拆除轴承套应使用抓具，不得使用手锤敲打。除特殊情况，对热压配合或紧密配合的轴承套，一般不要拆卸，如必须拆卸时，应采取加热等措施。

4）风扇拆除应注意首先取出销子或拧松顶丝，用抓具或撬棍两边同时撬动取下，防止损坏风扇的圆孔。

5）在绕线型感应电动机滑环和短路装置的机壳外部时，应先拆除短路装置，然后拆除端盖。必须使用抓具滑环内套时，不得破坏云母绝缘层。

6）滚珠轴承一般不需要从轴上取下，如必须取下时，应采用 100℃ 热机油将滚珠浇烫，然后用抓具抓下。

7）轴承工作面应光滑清洁，无麻点、裂纹或锈蚀；轴承的滚动体与外圈接触良好，无松动、转动灵活无卡涩，间隙符合规定；轴承内填入同一牌号的润滑脂应填满其空隙的 2/3。

8）转子抽出时，注意不要碰伤定子线圈，转子重量不大的可以用手抽出；重量较大的就应该用起重机械平吊住，如图 1-17 所示。先在转子轴上套上起重用钢丝绳，用起重吊住转子慢慢移出，注意防止碰坏线圈。再在轴的一端套上一根钢管（如有假轴，可使用假轴），为了不使钢管刮伤轴颈，可在钢管内衬一层厚纸板。继续将转子移出，待转子的重心移到定子外面时，在转子轴端下垫一支架，将钢丝绳套在转子中间，如图 1-17(c) 所示，即可将转子全部抽出。

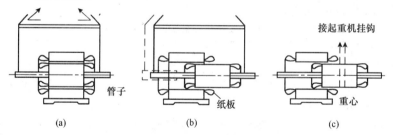

接起重机挂钩

管子　纸板　接起重机挂钩　重心

(a)　　　(b)　　　(c)

图 1-17　转子由定子内抽出

(3) 电动机抽芯检查应符合下列规定。

1）线圈绝缘层完好，无伤痕，端部绑线不松动，槽楔固定、无断裂，引线焊接饱满、内部清洁、通风孔道无堵塞。

2）轴承无锈斑，注油（脂）的型号、规格和数量正确，转子平衡块紧固，平衡螺钉紧锁，风扇叶片无裂纹。

3）连接用紧固件的防松装置完整齐全。

4）其他技术指标均应符合相关的技术标准的规定。

①电动机的铁芯、轴颈、滑环和换向器应清洁，无伤痕、锈蚀现象。

②磁极及铁轭固定良好，励磁线圈紧贴磁极，不应松动。

质量问题

③电动机绕组连接正确,焊接牢固。

(4)电动机安装时应检查以下各项。

1)盘动转子不得有磁卡声。

2)润滑脂情况应正常,无变色、变质及硬化等现象。其性能应符合电机工作条件。

3)测量滑动轴承电机的空气间隙,其不均匀度应符合产品的规定;若无规定时,各点空气间隙的相互差值不应超过10%。

4)电机的引出线接线端子焊接或压接良好,且编号齐全。

5)绕线式电机需检查电刷的提升装置,提升装置应标有"启动""运行"的标志。动作顺序应是先短路集电环,然后提升电刷。

6)电机的换向器或滑环检查下列项目:

①换向器或滑环表面应光滑,并无毛刺、黑斑、油垢等,换向器的表面平整度达到0.2 mm时应进行车光;

②换向器片间绝缘应凹下0.5～1.5 mm,整流片与线圈的焊接应良好。

第五节 柴油发电机组安装

一、施工质量验收标准

柴油发电机组安装的质量验收标准见表1-21。

表1-21 柴油发电机组安装的质量验收标准

项 目	内 容
主控项目	(1)发电机的试验必须符合《建筑电气工程施工质量验收规范》(GB 50303—2002)中附录 A 的规定。 (2)发电机组至低压配电柜馈电线路的相间、相对地间的绝缘电阻值应大于0.5 MΩ;塑料绝缘电缆馈电线路直流耐压试验为 2.4 kV,时间 15 min。泄漏电流稳定,无击穿现象。 (3)柴油发电机馈电线路连接后,两端的相序必须与原供电系统的相序一致。 (4)发电机中性线(工作零线)应与接地干线直接连接,螺栓防松零件齐全,且有标识
一般项目	(1)发电机组随带的控制柜接线应正确,紧固件紧固状态良好,无遗漏脱落。开关、保护装置的型号、规格正确,验证出厂试验的锁定标记应无位移。有位移时,应重新按制造厂要求试验标定。 (2)发电机本体和机械部分的可接近裸露导体应接地(PE)或接零(PEN)可靠,且有标识。 (3)受电侧低压配电柜的开关设备、自动或手动切换装置和保护装置等试验合格,应按设计的自备电源使用分配预案进行负荷试验,机组连续运行12 h无故障

二、标准的施工方法

柴油发电机组安装标准的施工方法见表1-22。

表 1-22 柴油发电机组安装标准的施工方法

项　目	内　容
设备运输	（1）设备一般由生产厂家运至施工现场或仓储地点。 （2）在由仓储地点运至施工现场时，一般采用汽车结合汽车式起重机的方式，运输时必须用钢丝绳将设备固定牢固，行车应平稳，尽量减少振动，防止运输过程中发生滑动或倾倒。 （3）在施工现场水平运输时，可采用卷扬机和滚杠运输。垂直运输可采用卷扬机结合滑轮的方式，或采用起重机吊运。 （4）在设备运输前，必须对现场情况及运输路线进行检查，确保运输路线畅通。在必要的部位需搭设运输平台和吊装平台。 （5）设备运输必须由起重工作业，其他工种配合。 （6）设备吊运前必须对吊装索具进行检查，钢丝绳必须挂在设备吊装钩上
基础验收	（1）柴油发电机组本体安装前必须根据设计图纸、产品样本、产品安装说明书及发电机组实物对基础进行全面检查，基础必须符合安装要求。 （2）混凝土基础的四周至少大于机组钢基座各 150 mm，且高于地面150 mm，以方便机组使用和维护。 （3）基础验收由建设单位、监理单位、施工单位、安装单位共同参加，并要有验收记录，四方签认
设备开箱	（1）设备开箱点件应有安装单位、生产厂家、建设单位、监理单位共同进行，并做好记录。 （2）依据装箱单，核对主机、附件、专用工具、备品备件和随带技术文件。查验产品合格证和出厂试运行记录，发电机及其控制柜应有出厂试验记录等。 （3）外观检查有无损伤，有无铭牌；机身无缺件，涂层完整。 （4）柴油发电机组及其附属设备均应符合设计要求
机组吊装及稳装	（1）设备吊装前，必须对施工现场的环境进行考察，并根据现场的情况编制吊装及运输方案。 （2）用起重机将机组整体吊起（锁具必须挂在发电机组的吊装环位置），把随机配的减震器装在机组的底下。 （3）在柴油发电机组施工完成的基础上，放置好机组。一般情况下，减震器无须固定，只要在减震器下垫一层薄薄的橡胶板就可以了。如果按产品安装说明书需要固定时，则画好减震器的地脚孔的位置，吊起机组，埋好螺栓后，将机组就位，最后拧紧螺栓。 （4）若安装现场不允许起重机作业，可将机组放在滚杠上，运至选定位置（基础上）。用千斤顶（千斤顶规格根据机组重量选定）将机组的一端抬高，注意机组两边的升高一致，直至底座下抬高一端的间隙能安装减震器。释放千斤顶，再抬机组另一端，装好剩余的减震器，撤出滚杠，释放千斤顶。 （5）当发电机房设有吊装钩时，也可用吊链将机组吊起，然后进行稳装

项　　目		内　　容
油、水冷、风冷、烟气排放系统安装	燃料系统的安装	柴油发电机组供油系统一般由储油罐、日用油箱、油泵和电磁阀、连接管路构成，当储油罐位置低(低于机组油泵吸程)或高于油门所能承受的压力时，必须采用日用油箱，日用油箱上有液位显示及浮子开关(自动供油箱装备)，油泵系统的安装要求参照水系统设备的要求
	水冷、风冷、烟气排放系统的安装	(1)冷却水系统的安装。 1)核对水冷柴油发电机组的热交换器的进、出水口，与带压的冷却水源压力方向一致，连接进水管和出水管。 2)冷却水进、出水管与发电机组本体的连接应使用软管隔离。 (2)通风系统的安装。 1)将进风预埋铁框，预埋至墙壁内，用水泥护牢，待干燥后装配。 2)安装进风口百叶或风阀，用螺栓固定。 3)通风管道的安装详见相关工艺标准。 (3)排风系统的安装。 1)测量机组排风口的坐标位置尺寸。 2)计算排风口的有关尺寸。 3)预埋排风口。 4)安装排风机、中间过渡体、软连接、排风口。 (4)排烟系统的安装。 1)排烟系统一般由排烟管道、排烟消声器以及各种连接件组成。 2)将导风罩按设计要求固定在墙壁上。 3)将随机法兰与排烟管焊接(排烟管长度及数量根据机房大小及排烟走向)，焊接时注意法兰之间的配对关系。 4)根据消声器及排烟管的大小和安装高度，配置相应的套箍。 5)用螺栓将消声器、弯头、垂直方向排烟管、波纹管按图纸连接好，保证各处密封良好。 6)将水平方向排烟管与消声器出口用螺栓连接好，保证接合面的密封性。 7)排烟管外围包裹一层保温材料
蓄电池充电检查		按产品技术文件要求进行蓄电池充液(免维护蓄电池除外)，并对蓄电池充电
柴油机空载运行，发电机静态试验及控制接线检查	柴油机空载试运行	柴油发电机组的柴油机必须进行空载试运行，经检查无油、水泄漏，且机械运转平稳，转速自动或手动符合要求。柴油机空载试运行合格，做发电机空载试验
	试运行前的检查准备工作	(1)发电机容量满足负荷要求。 (2)机房留有用于机组维护的足够空间。 (3)机房地势不受雨水的侵入。 (4)所有操作人员必须熟悉操作规程。 (5)所有操作人员掌握安全的方法措施。 (6)检查所有机械连接和电气连接的情况是否良好。 (7)检查通风系统和废气排放系统连接是否良好。 (8)灌注润滑油、冷却剂和燃料。 (9)检查润滑系统的渗漏情况。 (10)检查燃料系统的渗漏情况

续上表

项　目		内　容
柴油机空载运行,发电机静态试验及控制接线检查	发电机静态试验及控制接线检查	(1)按照《建筑电气工程施工质量验收规范》(GB 50303—2002)附录 A 的要求完成柴油发电机组本体的定子电路、转子电路、励磁电路和其他项目的试验检查,并做好记录。检查时最好有厂家在场或直接由厂家完成。 (2)根据厂家提供的随机资料,检查和校验随机控制屏的接线是否与图纸一致。 (3)摇测绝缘,绝缘阻值符合规范要求
发电机试运行及试验调整	发电机组空载试运行	(1)断开柴油发电机组负载侧的断路器或自动转换开关电器(ATS)。 (2)将机组控制屏的控制开关扳到"手动"位置,按启动按钮。 (3)检查机组电压、电池电压、频率是否在误差范围内,否则进行适当调整。 (4)检查机油压力表。 (5)以上一切正常,可接着完成正常停车与紧急停车试验
	发电机组带载试验	(1)发电机组空载运行合格以后,切断负载"市电"电源,按"机组加载"按钮,先进行假性负载(水电阻)试验,运行合格后,再由机组向负载供电。 (2)检查发电机运行是否稳定,频率、电压、电流、功率是否保持额定值。 (3)一切正常,发电机停机,控制屏的控制开关扳到"自动"状态
	自启动试验	(1)当市电二路电源同时中断时,备用发电机自动投入运行,其将在设计要求的时间内(一般为 15 s)投入到满载负荷状态。 (2)当市电恢复供电时,所有备用电负荷自动倒回市供电系统,发电机组自动退出运行(按产品技术文件要求进行调整,一般为 300 s 后退出运行)

质量问题

柴油机发生敲击现象

质量问题表现

柴油机运行时出现敲击现象,磨损零件。

质量问题原因

(1)喷油提前角过大。

(2)气门、连杆轴承、曲轴主轴承、齿轮轴、活塞销等处间隙过大。

质量问题预防

喷油提前角如果过大,燃油喷入燃烧室过早,燃烧室压力低,温度未达到燃烧要求,不能燃烧。待温度达到要求时,则燃烧室燃油过量,易发生爆燃,产生敲击现象,使机械负荷增大,耗油增加。故而应调好喷油提前角度。气门、连杆轴承、曲轴主轴承、齿轮轴、活塞销等处间隙过大,也会造成敲击,故而应及时调整间隙,更换已磨损的零件。

柴油发电机组在安装工作未全部完成的情况下进行试运转

质量问题表现

柴油发电机进行试运转时发生短路。

质量问题原因

柴油发电机在安装完成后未做运转试验。

质量问题预防

由柴油发电机至配电室或经配套的控制柜至配电室的馈电线路，应使用绝缘电线或电力电缆，通电前应按规定进行试验；如馈电线路是封闭母线，则应按封闭母线的验收规定进行检查和试验。柴油发电机在安装后应按表1-23所示的内容做交接试验。

(1)柴油发电机组空载试运行应符合以下要求。

1)断开柴油发电机组负载侧的断路器或ATS。

表 1-23 发电机交接试验

序号	部位	内容	试验内容	试验结果
1	静态试验	定子电路	测量定子绕组的绝缘电阻和吸收比	绝缘电阻值大于 0.5 MΩ；沥青浸胶及烘卷云母绝缘吸收比大于 1.3；环氧粉云母绝缘吸收比大于 1.6
2			在常温下,绕组表面温度与空气温度差在±3℃范围内测量各相直流电阻	各相直流电阻值相互间差值不大于最小值 2%,与出厂值在同温度下比差值不大于 2%
3			交流工频耐压试验 1 min	试验电压为 $1.5U_n + 750$ V,无闪络击穿现象,U_n 为发电机额定电压
4		转子电路	用 1 000 V 兆欧表测量转子绝缘电阻	绝缘电阻值大于 0.5 MΩ
5			在常度下,绕组表面温度与空气温度差在±3℃范围内测量绕组直流电阻	数值与出厂值在同温度下比差值不大于 2%
6			交流工频耐压试验 1 min	用 2 500 V 摇表测量绝缘电阻替代

质量问题

续上表

序号	部位	内容	试验内容	试验结果
7		励磁电路	退出励磁电路电子器件后,测量励磁电路的线路设备的绝缘电阻	绝缘电阻值大于 0.5 MΩ
8			退出励磁电路电子器件后,进行交流工频耐压试验 1 min	试验电压 1 000 V,无击穿闪络现象
9	静态试验		有绝缘轴承的用 1 000 V 兆欧表测量轴承绝缘电阻	绝缘电阻值大于 0.5 MΩ
10		其他	测量检温计(埋入式)绝缘电阻、校验检温计精度	用 250 V 兆欧表检测不短路,精度符合出厂规定
11			测量灭磁电阻,自同步电阻器的直流电阻	与铭牌相比较,其差值为 ±10%
12			发电机空载特性试验	按设备说明书比对,符合要求
13	运转试验		测量相序	相序与出线标识相符
14			测量空载和负荷后轴电压	按设备说明书比对,符合要求

2)将机组控制屏的控制开关设定到"手动"位置,按启动按钮。

3)检查机组电压、电池电压、频率是否在误差范围内,否则进行适当调整。

4)检查机油压力表。

5)以上一切正常,可接着完成正常停车与紧急停车试验。

(2)柴油发电机组的负载试验应符合以下要求。

1)发电机组空载运行合格以后,切断负载"市电"电源,按"机组加载"按钮,由机组向负载供电。

2)检查发电机运行是否稳定,频率、电压、电流、功率是否保持在正常允许范围之内。

3)按设计预案,使柴油发电机带上预定负荷,经 12 h 连续运转,无机械和电气故障,无漏油、漏水、漏气等不正常现象方可认为这个备用电源是可靠的。发电机停机,控制屏的控制开关打到"自动"状态。

第六节　不间断电源设备安装

一、施工质量验收标准

不间断电源设备安装的质量验收标准见表 1-24。

表 1-24　不间断电源设备安装的质量验收标准

项　　目	内　　容
主控项目	(1)不间断电源的整流装置、逆变装置和静态开关装置的规格、型号必须符合设计要求。内部接线连接正确，紧固件齐全，可靠不松动，焊接连接无脱落现象。 (2)不间断电源的输入、输出各级保护系统和输出的电压稳定性、波形畸变系数、频率、相位、静态开关的动作等各项技术性能指标试验调整必须符合产品技术文件要求，且符合设计文件要求。 (3)不间断电源装置间连线的线间、线对地间绝缘电阻值应大于0.5 MΩ。 (4)不间断电源输出端的中性线(N 极)，必须与由接地装置直接引来的接地干线相连接，做重复接地
一般项目	(1)安放不间断电源的机架组装应横平竖直。水平度、垂直度允许偏差不应大于0.15%，紧固件齐全。 (2)引入或引出不间断电源装置的主回路电线、电缆和控制电线、电缆应分别穿保护管敷设，在电缆支架上平行敷设应保持 150 mm 的距离；电线、电缆的屏蔽护套接地连接可靠，与接地干线就近连接，紧固件齐全。 (3)不间断电源装置的可接近裸露导体，应接地(PE)或接零(PEN)可靠，且有标志。 (4)不间断电源正常运行时产生的 A 声级噪声，不应大于 45 dB；输出额定电流为5 A 及以下的小型不间断电源噪声，不应大于 30 dB

二、标准的施工方法

不间断电源设备安装标准的施工方法见表 1-25。

表 1-25　不间断电源设备安装标准的施工方法

项　　目	内　　容
设备开箱检查	(1)设备开箱检查由施工单位、供货单位、建设单位共同进行，并做好开箱检查记录。 (2)根据装箱单或供货清单的规格、品种、数量进行清点，并检查技术文件是否齐全，设备规格、型号是否符合设计要求。 (3)检查主机、机柜等设备外观是否正常，有无受潮、擦碰及变形等情况，并做好记录和签字确认手续
基础槽钢安装	(1)根据有关图纸及设备安装说明安装基础槽钢，重点检查基础槽钢与机柜规定螺栓孔的位置是否正确、基础槽钢水平度及平面度是否符合要求。 (2)待机柜安装完毕后，需刷调和漆两遍，以防基础槽钢裸露部分锈蚀。 (3)检查机柜引入引出管线、接地干线是否符合要求

续上表

项　目	内　容
主回路线缆及控制电缆敷设	(1)主回路及控制回路电缆敷设应符合国家有关现行技术标准。 (2)将输出端的中性线(N)与由接地装置直接引来的接地干线相连接,做重复接地。 (3)电源设备安装过程中,线缆敷设完毕后应进行绝缘测试,线间及线对地绝缘电阻值应大于0.5 MΩ
机柜就位及固定	(1)根据设备情况将机柜搬运至现场,吊装在预先设置好的基础槽钢之上。 (2)采用镀锌螺栓将机柜固定在基础槽钢上。 (3)调整机柜的垂直度偏差及各机柜间的间距偏差、水平度、垂直度偏差不应大于1.5‰
柜内设备安装接线	(1)电缆接头制作应符合有关规范要求。 (2)按照技术文件安装说明、施工图纸对线缆进行编号标志,压接各线缆,确保各线缆连接可靠
电池组安装就位	(1)电池组安装应平稳,间距均匀,排列整齐。 (2)操作人员应使用厂家提供的专用扳手连线。 (3)极板之间相互平齐,距离相等,每只电池的基板片数符合产品技术文件规定。 (4)蓄电池的正负极端柱必须极性正确,无变形,滤气帽或气孔塞的通气性能良好
配制电解液与注液	(1)蓄电池槽内应清理干净。 (2)操作时应穿戴好相应的劳动保护用具,如防护眼镜、橡胶手套、胶皮靴子、胶皮围裙等。 (3)将蒸馏水倒入耐酸(或耐碱)、耐高温的干净配液容器中,然后将浓硫酸(或碱)缓慢倒入蒸馏水中,同时用玻璃棒搅拌均匀,使其迅速散热。 (4)调配好的电解液应符合铅酸电池或碱性电池电解液标准。 (5)注入蓄电池的电解液温度不宜高于30℃。 (6)电解液注入2 h后,检查液面高度,注入液面应在高低液面线之间。 (7)采用恒流法充电时,其最大电流不能超过生产厂家所规定的允许最大充电电流值;采用恒压法充电时,其充电的起始电流不能超过允许最大电流值。 (8)充电结束后,用蒸馏水调整液面至上液面线。 (9)整个充放电全过程按规定时间做好电压、电流、温度记录及绘制充放电特性曲线图
系统通电前测试检查	(1)检查各系统回路的接线是否正确、牢固,检查蓄电池是否有损伤。 (2)进行电缆线路的绝缘测试,需达到0.5 MΩ以上。 (3)在不间断电源设备的明显部位张贴系统调试标志,制作并悬挂相关线缆回路标志标签。 (4)重复接地的检查。不间断电源输出端的中性(N级),必须与由接地装置直接引来的接地干线相连接,做重复接地。 (5)检查系统电压和电池的正负极方向,确保安装正确

续上表

项　目	内　容
系统整体调试及验收	（1）对各功能单元进行实验测试，全部合格后方可进行整机试验和检测。 （2）正确设定均充电压和浮充电压。 （3）依据设备安装使用说明书的操作提示进行送电调试。 （4）应在系统内各设备运转正常的情况下调整设备，使系统各项指标满足设计要求。 （5）不间断电源首次使用时，应根据设备使用说明书的规定进行充电，在满足使用要求前不得带负载运行。 （6）试运行验收：设备在经过测试试验合格后按操作程序进行合闸操作。先合引入电源主回路开关，再合充电回路开关，观察充电电流指示是否正常，当电压上升至浮充电压时，充电器改为恒流工作。然后闭合逆变回路，测量输出的电压是否正常。 （7）经过空载运行试验 24 h 后，进行带负载运行试验，电压、电流指示正常方可验收交付使用。 （8）系统验收时应会同建设单位有关人员一道进行，并做好相关记录

质量问题

电池组焊接接头不平整

质量问题表现

（1）接头不牢固、不平整、不美观。

（2）在连接处形成腐蚀源。

（3）出现熔化穿孔、假焊现象。

质量问题原因

（1）焊接时，火力过猛，使焊料迅速填满。

（2）焊料未用纯铅，不符合规范要求。

质量问题预防

电池组装完成后，在两个电池连接处的正负极耳上，放上铅连接条（或铅过桥——主要指固定铅酸蓄电池），正负极耳和铅连接条事先都应将其面层氧化膜打磨干净，然后装上焊接卡具，逐一进行焊接。

（1）焊接时，先将焊枪火焰调节到适当程度，使火焰在铅过桥与极耳上来回移动烤热。先在铅表面开始熔去一层，用钢针将氧化膜挑去，再迅速将焊条熔化滴进夹钳内，焊料填满即可。焊接的关键是掌握焊枪火焰和控制熔铅温度。铅过桥与焊料连接处，温度过高，就有熔化穿孔的危险，温度过低，造成假焊，都会影响焊接质量。所以一定要使各方受热均匀，保证接头牢固可靠，光滑平整。焊料最好使用纯铅，以使在连接处不形成腐蚀源。一般以铅锡合金（焊锡占 10%～20%）作焊料，可以降低焊接熔化温度，增加焊接

质量问题

硬度和焊接的美观。焊接操作,如图 1-18 所示。

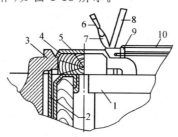

图 1-18　蓄电池焊接

1—铅衬木槽;2—玻璃挂板;3—焊接极耳;4—连接条;
5—木板;6—焊枪;7—火焰;8—焊条;9—焊夹钳;10—挡条

焊好后,用铅锉将接头四周进行表面加工,使接头与铅过桥相连接各部分,表面达到平整美观。加工后,用毛刷清扫后,再用吸尘器将槽内金属屑和各种杂物清除出去,最后在正负极板间安装隔板。

(2)大容量电池出线端子的焊接,可用钢材自制圆形或矩形模具,置放在铅过桥上,先将铜汇流排一端用粗锉打磨出沟纹,加热粘上一层焊料,再放入模内。焊接时,火力要猛,使焊料迅速填满,最后将模具脱去即可。焊接要牢固美观。端头线焊接的方法如图 1-19 所示。母线引出较长的,应作吊架,以使母线安装牢固,并仔细检查排除假焊。

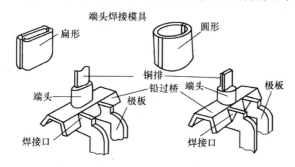

图 1-19　电池组端头焊接

第七节　低压电气动力设备试验和试运行

一、施工质量验收标准

低压电气动力设备试验和试运行的质量验收标准见表 1-26。

表 1-26　低压电气动力设备试验和试运行的质量验收标准

项　目	内　容
主控项目	(1)试运行前,相关电气设备和线路应按《建筑电气工程施工质量验收规范》(GB 50303—2002)中的规定试验合格。

续上表

项　目	内　容
主控项目	(2)现场单独安装的低压电器交接试验项目应符合表1-27的规定
一般项目	(1)成套配电(控制)柜、台、箱、盘的运行电压、电流应正常,各种仪表指示正常。 (2)电机应试通电,检查转向和机械转动有无异常情况;可空载试运行的电机,时间一般为2 h,记录空载电流,且检查机身和轴承的温升。 (3)交流电机在空载状态下(不投料)可启动次数及间隔时间应符合产品技术条件的要求;无要求时,连续启动2次的时间间隔不应小于5 min,再次启动应在电机冷却至常温下,空载状态(不投料)运行。应记录电流、电压、温度、运行时间等有关数据,且应符合建筑设备或工艺装置的空载状态运行(不投料)要求。 (4)大容量(630 A及以上)导线或母线连接处,在设计计算负荷运行情况下应做温度抽测记录,温升值稳定且不大于设计值。 (5)电动执行机构的动作方向及指示,应与工艺装置的设计要求保持一致

表 1-27　低压电器交接试验

序号	试验内容	试验标准或条件
1	绝缘电阻	用500 V兆欧表摇测,绝缘电阻值大于等于≥1 MΩ;潮湿场所,绝缘电阻值大于等于≥0.5 MΩ
2	低压电器动作情况	除产品另有规定外,电压、液压或气压在额定值的85%～110%范围内能可靠动作
3	脱扣器的整定值	整定值误差不得超过产品技术条件的规定
4	电阻器和变阻器的直流电阻差值	符合产品技术条件规定

二、标准的施工方法

低压电气动力设备试验和试运行标准的施工方法见表1-28。

表 1-28　低压电气动力设备试验和试运行标准的施工方法

项　目	内　容
接地或接零的检查	(1)逐一复查各接地处选点是否正确,接触是否牢固可靠,是否正确无误地连接到接地网上。 (2)柜(屏、台、箱、盘)接地或接零检查
二次接线的检查	二次接线的检查见表1-29
现场单独安装的低压电器交接试验	现场单独安装的低压电器交接试验应符合表1-30的要求
JRD22型电机综合保护器	(1)JRD22型电机综合保护器主要是以电子式热继电器为主体,取代双金属片式热继电器的新产品。 (2)产品出厂时应按标准程序考核合格。动作电流值与外部整定值误差不大于2%。因此,使用时按其规格大小选取。 (3)综合保护器的电流分挡范围见表1-32

续上表

项　目	内　容
接触器检查试验	接触器检查试验见表1-33
启动器检查试验	(1)自耦减压启动器一般性检查。 1)外壳应完整,零部件无损坏和松动现象,并有明显的标志符号,如铭牌、启动—运转—停止、油面线、接地符号、内部接线图、接线柱符号等。 2)所有螺栓、螺母、垫圈俱全并坚固。动、静头表面光滑,排列整齐,接触正确良好,接触表面如有毛刺或凹凸不平时,可用细锉锉平。 3)三相触头同时接触,各触头弹簧压力相等,弹性良好。触头的断开距离(开距)、超额行程和触头终压力应符合表1-34的规定。 4)连锁装置可靠。操作机械灵活准确,手柄操作力不应大于产品允许规定值。 5)检查分合闸的可靠性时,可先用手按住脱扣衔铁,将手柄推向"启动"位置,再立即扳向"运转"位置,然后放开衔铁,应立即跳闸而无迟缓或卡住现象。 6)补偿器油箱内应注满干净、无杂质和水分,并经耐压试验合格的变压器油至油面线水平。 (2)自耦减压启动器的电气性能试验。 1)用500 V摇表测定线圈及导电部分对地绝缘电阻应符合规定。 2)自耦变压器的空载试验:先拆除变压器次级输出接至电机的接线,初级输入端三相串接电流表,当接入电源后,将手柄推至"起动"位置,所测空载电流应不大于自耦变压器额定工作电流的20%,并用电压表测量次级抽头各挡的输出电压比,误差应不大于±3%。 3)保护装置中的失压脱扣器及热脱扣器的试验与低压断路器中的脱扣器相同
交流电机软启动器调试	交流电机软启动器调试见表1-35
电阻器与变阻器的检查和试验	(1)检查。 1)铭牌数据要齐全,变阻器在操作处应有接入和分断位置的标志和指示操作方向的箭头。 2)变阻器内部各段电阻之间及各段电阻与触头之间的连接应可靠。 3)固定触头或绕线式滑线处的工作表面须平整光滑。 4)活动触头与固定触头或绕线式滑线处工作表面要有良好的接触,触头间有足够的接触压力,滑动过程中不得有开路和卡住现象。 5)电阻片间组装紧密可靠,电阻间的补偿弹簧,在冷却状态下要稍有余量,在热状态时压缩紧密。 (2)试验。 1)电阻器与变阻器不得有短路或开路的地方,测得的直流电阻值应与铭牌上的数值相符(直流电阻差值应符合产品技术条件规定)。 2)电阻器与变阻的导电部分对外壳的绝缘电阻应良好
动力成套配电(控制)柜、屏、台、箱、盘的交流工频耐压试验	(1)柜、屏、台、箱、盘的交流工频耐压试验。交流工频耐压试验电压为1 kV,当绝缘电阻值大于10 MΩ时,可采用2 500 V兆欧表摇测替代,试验持续时间1 min,无击穿闪络现象。 (2)回路中的电子元件不应参加交流工频耐压试验,48 V及以下回路可不做交流工频耐压试验

项　目	内　容
柜、屏、台、箱、盘的保护装置的动作试验	柜、屏、台、箱、盘的保护装置的动作试验见表1-39
控制回路模拟动作试验	(1)断开电气线路的主回路开关出线处、电机等电气设备不受电;接通控制电源,检查各部的电压是否符合规定,信号灯、零压继电器等工作是否正常。 (2)操作各按钮或开关,相应的各继电器、接触器的吸合和释放都应迅速,无黏滞现象和不正常噪声。各相关信号灯指示要符合图纸的规定。 (3)用人工模拟的方法试动各保护元件,应能实现迅速、准确、可靠的保护功能。如模拟合闸、分闸,也可将各个连锁接点(包括电信号和非电信号),进行人工模拟动作来控制主回路开关的动作。检查无功功率补偿柜手动切换是否正常。如果多台柜子之间是有联系的,还要进行联屏试验(如有的无功补偿柜有主柜和副柜之分)。 (4)手动各行程开关,检查其限位作用的方向性及可靠性。 (5)对设有电气连锁环节的设备,应根据电气原理图检查连锁功能是否准确可靠
盘车或手动操作	盘车或手动操作见表1-40
电气部分与机械部分的转动或动作协调一致的检查	电气部分与机械部分的转动或动作协调一致的检查见表1-41
试运行	试运行的内容见表1-42
整理编写试调记录报告	低压电气动力设备的试验报告内容包括: (1)试验项目名称目录表。 (2)各种保护继电器整定数值和基本试验方法。 (3)电气设备交接试验记录。 (4)电缆试验记录。 (5)各组继电保护装置系统试调情况记录。 (6)空载和负载试运行情况记录。 (7)接地电阻、绝缘电阻测试记录

表 1-29　二次接线的检查

项　目	内　容
控制柜内检查	(1)依据施工设计图纸及变更文件,核对柜内的元件规格、型号,安装位置应正确。 (2)柜内两侧的端子排不能缺少。 (3)各导线的截面是否符合图纸的规定。 (4)逐线检查柜内各设备间的连线及由柜内设备引至端子排的连线不能有错误,接线必须正确。为了防止因并联回路而造成错误,接线时可根据实际情况,将被查部分的一端解开后再检查。检查控制开关时,应将开关转动至各个位置逐一检查

续上表

项　目	内　容
控制柜间联络电缆检查	（1）柜与柜之间的联络电缆必须逐一校对。通常使用查线电话或电池灯泡、电铃、万用表等校线方法。 （2）在回路查线的同时，应检查导线、电缆、继电器、开关、按钮、接线端子的标记，与图纸要相符，对有极性关系的保护，还应检查其极性关系的正确性
操作装置的检查	（1）回路中所有操作装置都应进行检查，主要检查接线是否正确，操作是否灵活，辅助触点动作是否准确。一般用导通法进行分段检查和整体检查。 （2）检查时应使用万用表，不宜用兆欧表（摇表）检查，因为摇表检查不易发现接触不良或电阻变值。另外，检查时应注意拔去柜内熔丝，并将与被测电路并联的回路断开
电流回路和电压回路的检查	电流互感器接线正确，极性正确，二次侧不准开路（而电压互感器二次侧不准短路），准确度符合要求，二次侧有 1 点接地
二次接线绝缘电阻测量及交流耐压试验	（1）测量绝缘电阻。二次回路的绝缘电阻值必须大于 1 MΩ（用 500 V 兆欧表检查）。48 V 及以下的回路使用不超过 500 V 的兆欧表。 （2）交流耐压试验。 1）柜（屏、台、箱、盘）间二次回路交流工频耐压试验。 ①当绝缘电阻值大于 10 MΩ 时，用 2 500 V 兆欧表摇测 1 min，应无闪络击穿现象。 ②当绝缘电阻值为 1～10 MΩ 时，做 1 000 V 交流工频耐压试验，时间 1 min，应无闪络击穿现象。 2）回路中的电子元件不应参加交流工频耐压试验，48 V 及以下回路可不做交流工频耐压试验

表 1-30　现场单独安装的低压电器交接试验

项　目		内　容
低压断路器检查试验	一般性检查	（1）各零部件应完整无缺，装配质量良好。 （2）可动部分动作灵活，无卡阻现象。 （3）分、合闸迅速可靠，无缓慢停顿情况。 （4）开关自动脱扣后重复挂钩可靠。 （5）缓慢合上开关时，三相触点应同时接触，触头接触的时差不应大于 0.5 mm。 （6）动静触头的接触良好。 （7）对于大容量的低压断路器，必要时要测定动、静触头及内部接点的接触电阻
	电磁脱扣器通电试验	当通以 90% 的整定电流时，电磁脱扣部分不应动作，当通以 110% 的整定电流时，电磁脱扣器应瞬时动作。应采用以下试验方法。 （1）试验接线分别接于断路器输入端和输出端。断路器如有欠压脱扣器时，可先将其线圈单独通电，使衔铁吸合，或先用绳子将衔铁捆住，再合上断路器，然后合上试验电源闸刀，用较快速度调升调压器，使试验电流达到电磁脱扣动作电流值，断路器跳闸，并调整动作电流值与可调指针在刻度盘上指示值相符为止。对无刻度盘的断电器，可调整到两次试验动作值基本相同为止

续上表

项 目		内 容
低压断路器检查试验	电磁脱扣器通电试验	(2)当断路器自动脱扣后,如要重新合闸,应先将手柄扳向注有"分"字标志一边,挂钩后,再扳向"合"字位置,才能合闸。此外,断路器如兼有热脱扣器,试验时要快速调升电流,尽量减少时间,或将热脱扣器临时短接,以防止热脱扣器动作。 (3)热脱扣器试验的技术数值。 1)其整定电流(指热继电器长期不动作电流)也有一定调节范围。延时动作时间不得超过产品技术条件规定。 2)断路器因热过载脱扣后,以手动复位待 1 min 后可再启动
	欠压脱扣试验	(1)脱扣器线圈按上述可调电源,调升电压衔铁吸合,再扳动手柄合闸后,继续升压,使线圈的电磁吸力增大到足以克服弹簧的反力,而将衔铁牢固吸合时的电压读数,即是脱扣器的合闸电压。 (2)逐渐减低电压,当衔铁释放使开关跳闸时的电压,即为分闸(释放)电压。脱扣器分、合闸电压整定值误差不得超过产品技术条件的规定。低压断路器试验时,应注意其整定值应符合设计要求
双金属片式热继电器检查试验	一般性检查	(1)检查和选择热元件号,应与被保护电机的额定电流以及与磁力启动器的型号相符。 (2)如热元件系成套供应,根据制造厂的说明,不必再进行通电和机构调整,但必须检查其动作机构是否灵活。 (3)检查热继电器各部件有无生锈现象及固定情况,复归装置是否好用,对于动作不灵活及生锈者应予更换
	动作值试验	(1)试验接线,如图 1-20 所示。指示灯 ZD 作为动作信号接在常闭触点上。测定动作时间可用秒表。 (2)试验方法及步骤。 1)合上刀闸开关 K,指示灯 ZD 发亮。 2)调节调压器 ZB 使电流升至整定电流,停留一段时间,热继电器不应动作。 3)再调升电流至 1.2 倍的整定电流时,热继电器应在 20 min 内动作。常闭触点断开,指示灯熄灭。然后将电流降至零。待热元件复位。常闭触点闭合使指示灯发亮后,即调升电流至 1.5 倍整定电流,此时热继电器应在 2 min 内动作。 4)同样将电流降至零,待热元件完全冷却后,快速地调升电流至 6 倍整定电流时,即拉开刀闸开关,在瞬间合上开关的同时,测定动作时间,热继电器动作时间应大于 5 s。 5)以上动作特性要在调节装置中标明的最大和最小整定电流值下分别试验。如果动作时间误差较大,可旋动调节装置中的螺钉进行调整。继电器过载电流的大小与动作时间的关系见表 1-31。 6)热继电器绝缘电阻可与接触器或系统一起进行测定

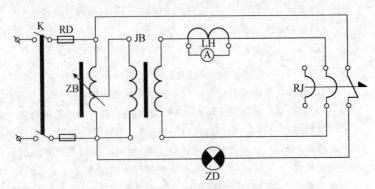

图 1-20　试验接线图

表 1-31 继电器过载电流的大小与动作时间的关系

序号	整定电流倍数(A)	动作时间	备 注
1	1.05	大于 2 h	从冷状态开始
2	1.2	小于 20 min	从热状态开始
3	1.5	2.5 A 以下小于 1 min	从热状态开始
		2.5 A 以上小于 2 min	—
4	6.0	大于 5 s	从冷状态开始

注:热态开始是指热元件已被加热至稳定状态(从额定电流使热继电器预热到稳定温度)。

表 1-32 综合保护器的电流分挡范围

额定电流等级	保护元件规格代号	保护元件规格(A)	整定电流调节范围(A)	额定电流等级	保护元件规格代号	保护元件规格(A)	整定电流调节范围(A)
20	A1	0.16	0.1～0.133～0.16	63	B5	63	50～56～63
	A2	0.25	0.16～0.2～0.25	160	C1	80	63～71～80
	A3	0.4	0.25～0.32～0.4		C2	100	80～90～100
	A4	0.63	0.4～0.52～0.63		C3	112	100～106～112
	A5	1.0	0.63～0.81～1.0		C4	125	112～118～125
	A6	1.6	1.0～1.3～1.6		C5	140	125～132～140
	A7	2.5	1.6～2.0～2.5		C6	160	140～150～160
	A8	4.0	2.5～3.2～4.0	250	D1	180	160～170～180
	A9	6.3	4.0～5.2～6.3		D2	200	180～190～200
	A10	10	6.3～8.1～10		D3	224	200～212～224
	A11	12.5	10～11～12.5		D4	250	224～237～250
	A12	16	12.5～14～16	400	E1	280	250～265～280
	A13	20	16～18～20		E2	315	280～297～315
63	B1	25	20～22.5～25		E3	355	315～335～355
	B2	31.5	25～28～31.5		E4	400	355～377～400
	B3	40	31.5～36～40	630	F1	500	400～450～500
	B4	50	40～45～50		F2	630	500～565～630

表 1-33 接触器检查试验

项 目	内 容
一般性检查	(1)接触器各零部件应完整。 (2)衔铁等可动部分动作灵活,不得有卡住或闭合时有滞缓现象,开放或断电后,可动部分应完全回到原位,当动接点与静接点及可动铁芯与静铁芯相互接触(闭合)时,应吻合,不得歪斜。 (3)铁芯与衔铁的接触表面平整清洁,如涂有防锈黄油应予以清除。 (4)接触器在分闸时,动、静触头间的空气距离,以及合闸时动触头的压力、触头压力弹簧的压缩度和压缩后的剩余间隙,应符合产品技术条件的规定。 (5)用万用表或电桥测量接触器线圈的电阻应与铭牌上的电阻值相符。用摇表测量线圈及接点等导电部分对地之间的绝缘电阻应良好

续上表

项　目	内　容
接触器的动作试验	(1)接触器线圈两端接上可调电源,调升电压到衔铁完全吸合时,所测电压即为吸合电压。其值一般不应低于85%线圈额定电压(交流),最好不要高于该相数值。将电源电压下降到线圈额定电压的35%以下时,衔铁应能释放。 (2)最后调升电压到线圈额定电压,测量线圈中流过的电流,计算线圈在正常工作时所需要的功率。 (3)同时观察衔铁不应产生强烈的振动和噪声(如当铁芯接触不严密时,不许用锉锉铁芯接触面,应调整其机构,将铁芯找正,并检查短路环是否完整,弹簧的松紧程度是否合适)

表 1-34　触头断开距离、超额行程和触头终压力

序号	容量(kV)	断开距离(mm)	超额行程(mm)	触头终压力(N)
1	20	不少于 17	3.5±0.5	6.86±0.69
2	40	不少于 17	3.5±0.5	14.21±1.37
3	75	不少于 20	4±0.5	31.36±3.14

表 1-35　交流电机软启动器调试

项　目	内　容
电气安装结线	当电机软启动完成并达到额定电压时,三相旁路接触器 KM 吸合,电机全压投网运行,软启动器电气安装一次回路如图 1-21 所示
软启动器工作状态	(1)在交流电机软启动器上有 6 个指示灯(L1 至 L6),可反映出软启动器的工作状态,以方便调试及运行监视。 (2)L1 是控制电源指示灯,L2 是启动阶段指示灯,L3 是运行指示灯,L4 是电源缺相或欠压指示灯,L5 是晶闸管短路故障指示灯,L6 是设备过热及外部故障指示灯。 (3)从控制电源指示灯 L1 的闪烁状态又能反映出软启动器具体状态:闪烁频率 0.5 Hz 处于停车状态或故障状态;闪烁频率 1 Hz 处于启动状态;闪烁频率 5 Hz 处于运行状态;不闪烁表示控制器内部故障;指示灯熄灭表示控制电源未投入
软启动器的调试	交流电机软启动器的调试必须带负载进行。负载可用串接白炽灯组成三相负载,也可直接接电机。 (1)电位器整定。启动电压 V_s 可在 20%～70%额定电压范围内,由电位器 SV 调节整定;启动时间 T_s 可在2～30 s 内调整,由电位器 ST 调节整定见表 1-36。 (2)根据启动现象调试软启动器见表 1-37。 (3)软启动器常见异常情况的处理见表 1-38

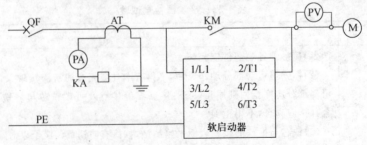

图 1-21　软启动器一次回路

PV—交流电压表;PA—交流电流表;AT—电流互感器;QF—空气断路器;

KM—旁路交流接触器;KA—电机保护器;PE—保护接地端子;

1/L1、3/L2、5/L3—输人端子、连接三相电源;2/T1、4/T2、6/T3—输出端子、连接电动机

表 1-36 电位器整定

电位器	减小	增大	最佳状态
SV	启动力矩减小	启动力矩增大	启动时电机刚好能开始转动
ST	启动时间减小	启动时间增大	根据负载情况由用户决定
	启动电流增大	启动电流减小	

表 1-37 软启动器调试软启动器

现象	原因	调整
电机经过较长时间后才开始转动	启动力矩过小	增大 SV
启动时电机突然转动	启动力矩过大	减小 SV
启动时间短,启动电流大	启动时间过小	增大 ST
启动时间过长	启动时间过大	减小 ST

表 1-38 软启动器常见异常情况的处理

异常情况	产生原因	处理方法
缺相保护	控制电源零线、相线接反 没有接通主回路电源 主回路缺相	正确接线 接通主回路电源 检查主回路电源
旁路接触器不动作	旁路接触器损坏 外围线路故障	更换接触器或控制板 检查线路
旁路后接触器跳开	旁路接触器不能自保 热继电器保护动作	检查线路 检查保护动作原因
启动时间很短 启动时间<2 s	V_s 设置过高 T_s 设置过短	降低启动电压 增加启动时间
晶闸管短路保护动作	软启动器没有连接电机 晶闸管损坏 旁路接触器触点短路	连接电机 更换晶闸管 继修或更换接触器

表 1-39 柜、屏、台、箱、盘的保护装置的动作试验

项 目		内 容
继电器检验和调整	继电器一般性检查	(1)继电器外壳用毛刷或干布揩擦干净,检查玻璃盖罩是否完整良好。 (2)检查继电器外壳与底座结合得是否牢固严密,外部接线端钮是否齐全,原铅封是否完好。 (3)打开外壳后,内部如有灰尘,可用吹风机或皮老虎吹净,再用干布揩擦。 (4)检查所有接点及支持螺钉、螺母有否松动现象,螺母不紧最容易造成继电器误动作。

续上表

项　目		内　容
继电器检验和调整	继电器一般性检查	(5)检查继电器各元件的状态是否正常,元件的位置必须正确。有螺旋弹簧的,平面应与其轴心严格垂直。各层簧圈之间不应有接触处,否则由于摩擦加大,可能使继电器动作曲线和特性曲线相差很大。 (6)可调把手不应松动,也不宜过紧以便调整。螺钉插头应紧固并接触良好
	校验和调整	先用电阻表或万用表的欧姆挡测量线圈是否通路,然后进行绝缘电阻的测试。用 500 V 摇表测量继电器所有导电部分和附近金属部分的绝缘电阻,一般按照下列内容逐项测试。 (1)接点对线圈的绝缘电阻。 (2)校验电磁铁与线圈间的绝缘电阻。 (3)线圈之间、接点之间及其他部分的绝缘电阻。 (4)绝缘电阻一般不应低于 10 MΩ。如果绝缘电阻较低,应查明原因,如果是绝缘受潮应进行干燥处理。 (5)检查继电器所有接点应接触良好。清洁接点时不许用砂纸或其他研磨材料,可用薄钢片、木片、小细锉之类工具,然后用干净的布擦净。禁止用手指摸触接点,并禁止用任何油类来润滑继电器接点。 (6)检查时间继电器可动系统动作的平稳均匀性,不应有忽慢忽快或摩擦停滞的现象。检查时可用手将电磁铁的铁心压下使钟表机械动作,观察机械部分是否灵活,有无卡住或转动不匀现象,接点是否接触得很好,然后将电磁铁的铁心放开,继电器的可动部分应立即返回至原来位置。如发现可动部分有滞动或显著不均匀现象,以及机械摩擦和齿轮啮合不好等现象,应进行细致的校正或处理
	对试验设备及仪表的要求	除合理选择测量仪器并正确使用外,还须注意以下几点: (1)试验所用的各种交直流仪表的基本误差在 1.5 级以内; (2)测量继电器的动作时间,如小于 0.1 s 的,应采用毫秒表; (3)调整工具应齐全,其形式尺寸应适合工作的需要
继电器的整定		一般情况下,生产出厂调试中已按用户要求整定好的,则现场调试就不必再进行整定(包括低压断路器)。否则,应按设计给定的整定值进行整定
保护装置的检查试验		(1)保护装置的规格、型号符合设计要求。熔断器的熔体规格、低压断路器的整定值符合设计要求。 (2)闭锁装置动作准确、可靠。主开关的辅助开关切换动作与主开关动作一致。信号回路的动作和信号显示准确

表 1-40　盘车或手动操作

项　目	内　容
盘车	(1)检查各电机安装是否牢固,防护网、罩是否装好。 (2)用手盘动机轴应轻松,无卡阻现象,并不得有机械的碰击声或出现其他异常声音,盘动不应感到太吃力(有变速箱时暂设置在空挡)。 (3)对直流电机,还要检查电刷的压力及接触情况,换向器是否光洁,电刷在刷握中是否过紧,刷架是否紧固

续上表

项　　目	内　　容
相序和旋转 方向的确定	对于不可逆转的电机,在启动之前,先要确定三相电源线路的相序和电机的旋转方向,才能使电机按规定的方向运动。 　　(1)电源线路相序的确定可用相序指示器。 　　(2)旋转方向的确定。 　　1)异步电机旋转方向的确定。 　　①可先确定子绕组的首尾端和接线方式,并按图1-22所示接线。 　　②采用两节1号干电池,接在假定的A、C相上。合上K后,将转子向规定方向盘动,如表针正摆,则电池正极所接的出线端确定为A相,电池负极所接的出线端确定为C相,另一根为B相。 　　③如果表针反摆,可将假定的A、C相对调,重复上述方法。 　　2)直流电机的极性与旋转方向的确定。 　　①对于不可逆电机需要在启动之前确定旋转方向,在不便于盘车时,可在转子不动的情况下,采用感应法进行。 　　②如图1-23的接线,将电池的"＋"端接到主极绕组的 B_1 端(或按系统电源极性),毫伏表接在按电刷顺图示箭头方向移动几片的整流子上,但不必移动刷架。如果接通电池开关(K)的瞬时仪表指针向右偏转,则电源引至电刷的极性与仪表的接入极性相同,箭头的方向即代表电机的旋转方向。 　　③便于盘车的电机,在需要确定旋转方向时,可按图1-24接线。 　　④在励磁绕组上接上电池,电枢两端接一电压表。当盘动电枢时,表针向右偏转,如是电机,且加于励磁绕组的电源极性与电池极性相同以及以后加于电枢电源的极性与电压表之极性相同,则盘车方向即为将来电机之旋转方向。试验时通入励磁绕组的电流值应保证足以抵消剩磁的影响。 　　⑤不可逆电机启动时,要注意旋转方向是否和电刷结构及风扇结构的要求一致

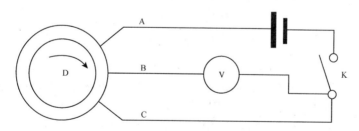

图1-22　确定电机旋转方向的接线

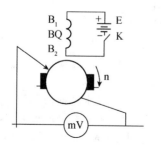

图1-23　感应法确定电机的旋转方向或发电极性

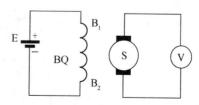

图1-24　手动盘车确定电机旋转方向接线图

表 1-41 电气部分与机械部分的转动或动作协调一致的检查

项 目	内 容
齿轮传动装置调整	齿轮传动时,电机的轴与被传动的轴应保持平行,两齿轮啮合应合适,可用塞尺测量两齿轮间的齿间间隙,如果间隙均匀,则表示两轴平行
皮带轮传动装置调整	用皮带轮传动时,必须使电机皮带轮的轴和被传动机器皮带轮的轴保持平行,而且还要使两皮带轮宽度的中心线在同一直线上
联轴器(靠背轮)传动装置调整	(1)校正联轴器通常用钢板尺进行。用钢板尺搁在两半片联轴器上,然后用手转动电机转轴,旋轴180°,看两半片联轴节是否有高低现象,若有高低应予调整,直到高低一致时,表示电机和机器的轴已处于同轴心状态。 (2)以上传动装置的调整工作,一般是由专业钳工负责进行,电气施工人员应密切配合。 (3)电气部分与机械部分的转动或动作应协调一致,经检查确认后,才能空载试运行

表 1-42 试 运 行

项 目	内 容
试运行的条件	(1)各项安装工作均已完毕,并经检验合格,达到试运要求。 (2)试运行的工程或设备的设计施工图、合格证、产品说明书、安装记录、调试报告等资料齐全。已编制试运行方案。 (3)与试运行有关的机械、管道、仪表、自控等设备和连锁装置等均已安装调试完毕,并符合使用条件。 (4)现场清理完毕,无任何影响试运行的障碍。 (5)试运行时所用的工具、仪器和材料齐全。 (6)试运行时所用各种记录表格齐全,并指定专人填写。 (7)参加试运行人员分工完毕,责任明确,岗位清楚。 (8)安全防火措施齐全
试运行前的检查和准备工作	(1)清除试运行设备周围的障碍物,拆除设备上的各种临时接线。 (2)恢复所有被临时拆开的线头和连接点,检查所有端子有无松动现象。对直流电机应重点检查励磁网路有无断线,接触是否良好。 (3)电机在空载运行前应手动盘车,检查转动是否灵活,有无异常音响。对不可逆动装置的电机应事先检查其转动方向。 (4)检查所有熔断器是否导通良好。 (5)检查所有电气设备和线路的绝缘情况。 (6)对控制、保护和信号系统进行空操作,检查所有设备,如开关的动触头、继电器的可动部分动作是否灵活可靠。 (7)检查备用电源、备用设备,应使其处于良好状态。 (8)检查通风、润滑及水冷却系统是否良好,各辅机的连锁保护是否可靠。 (9)检查位置开关、限位开关的位置是否正确,动作是否灵活,接触是否良好。 (10)如需要对某一设备单独试运行,并需暂时解除与其他生产部分的连锁,应事先通知有关部门和人员。试运行后再恢复到原来状态。

续上表

项　目	内　容
试运行前的检查和准备工作	(11)送电试运行前,应先制定操作程序;送电时,调试负责人应在场。 (12)为方便检测验收,配电装置的调整试验应提前通知监理和有关监督部门,实行旁站确认。 (13)对大容量设备,启动前应通知变电所值班人员或地区供电部门。 (14)调试记录、报告均应经过有关负责人审核同意并签字
低压电气设备试运行步骤	试运行步骤一般是先试控制回路,后试主回路;先试辅助传动,后试主传动。有些调整工作,往往也需要在试运行的过程中最后完成。 (1)控制回路试验同表 1-31 中控制回路模拟动作的相关内容。 (2)主回路试验。 1)做好设备各运动摩擦面的清洁,加上润滑油,手摇各传动机构于适中位置。 2)恢复各电机主回路的接线,开动油泵,检查油压及各部位润滑是否正常。 3)用点动的方法检查各辅助传动电机的旋转方向是否正确。 4)依次开动各辅助传动电机检查。 5)先点动、后正式开动主传动电机,按先空载、后负载,先低速、后高速的原则,按照上述 4)项进行主传动试车
试运行中的注意事项	(1)参加试运行的全体人员应服从统一指挥。 (2)无论送电或停电,均应严格执行操作规程。 (3)启动后,试运行人员要坚守岗位,密切注意仪表指示,电机的转速、声音、温升及继电保护、开关、接触器等器件是否正常,随时准备出现意外情况而紧急停车。 (4)传动装置应在空载下进行试运行,空载运行良好后,再带负荷。 (5)由多台电机驱动同一台机械设备时,应在试运行前分别启动,判明方向后再系统试运行。 (6)带有限位保护的设备,应用点动方式进行初试,再由低速到高速进行试运行,如有惯性越位时,应重复调整后再试运行。 (7)电动闸门类机械,第一次试车时,应在接近极限位置前停车,改用手动关闭闸门,手动调好后,再采用电动方式检查。 (8)直流电机试运时,磁场变阻器的阻值,对于直流发电机应放在最大位置,对于直流电机则应放在最小位置。 (9)串激电机不准空载运行。 (10)试运时,如果电气或机械设备发生特殊意外情况,来不及通知试运行负责人,操作人员可自行紧急停车。 (11)试运行中如果继电保护装置动作,应尽快查明原因,不得任意增大整定值,不准强行送电。 (12)更换电源后,应注意复查电机的旋转方向

质量问题

漏电保护器安装错误

质量问题表现

(1)住宅漏电保护器安装接线上有错误:有的将漏电保护器装在断路器或熔断器前级;有的装在住户电度表前级;有的装在两户电度表前合用一只漏电保护器。

(2)把漏电保护器兼作断路开关、短路保护、过负荷保护设备或分层总开关。

(3)漏电保护器装法有一级装、二级装、三级装等,但其安装十分紊乱。

(4)有的住户插座和照明灯都经过漏电保护器,有的只是插座经过漏电保护器,作法不统一。

质量问题原因

(1)对住宅安装漏电保护器尚无统一规定。

(2)设计、安装两者缺乏统一认识。

(3)住宅安装电保护器费用开支不明确,因此设计也不统一。

质量问题预防

(1)学习安装漏电保护器的理论知识和有关规定。采用经部级或市级检验合格的产品。

(2)掌握三相四线制和单相三线制的概念,如图 1-25 所示。按照《剩余电流动作保护装置安装和运行》(GB 13955—2005)的规定安装。

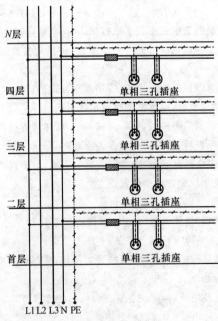

图 1-25　TN—S 系统三相四线制、单相三线制示意图

质量问题

（3）学习执行《系统接地的型式及安全技术要求》（GB 14050—2008）的规定。弄清楚中性点直接接地（TN 系统）和接地保护（TT 系统）系统的理论概念。

（4）住宅只在负荷末端装漏电保护器，以保护插座回路为主。TN 系统（即为独立用电户）装漏电保护器作为后备保护；TT 系统（即为公共网络供电系统）装漏电保护器作为后备保护方式。

（5）漏电保护器只作漏电保护，不得兼作断路、短路、过载保护开关用。住宅单相回路安装，选用漏电 30 mA 动作电流和 <0.1 s 动作时间的漏电保护器。

（6）根据住户用电电网不同情况，按图 1-26、图 1-27 所示的接线方式进行施工，做到正确接线。不正确的"接零"保护接线如图 1-28 所示。

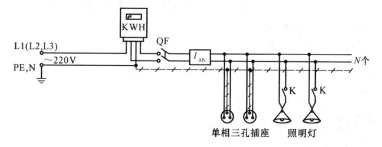

图 1-26　TN 系统插座及照明均安装漏电保护器

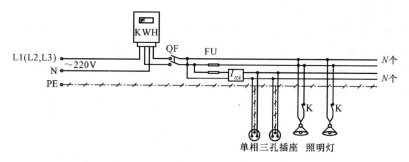

图 1-27　TT 系统漏电保护器

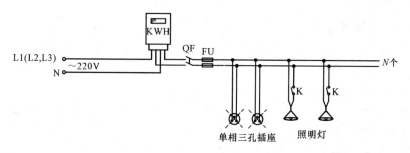

图 1-28　不正确的"接零"保护接线

铁芯常见质量问题一

质量问题表现

铁芯吸不上或不能完全吸上。

质量问题原因

(1)电源电压过低或波动过大。
(2)控制电源容量不足或发生断线、配线错误,控制触头接触不良。
(3)线圈参数不符合使用条件。
(4)线圈断线、短路或烧毁。
(5)触头弹簧压力过大或超程过大。
(6)可动部分卡住、转轴生锈或歪斜。

质量问题预防

(1)调整电源电压。
(2)增加电源容量,纠正配线错误,修理断线或控制触头。
(3)更换线圈。
(4)按技术要求调整触头参数。
(5)排除卡住故障,去锈并润滑轴承,修理受损零件。

铁芯常见质量问题二

质量问题表现

铁芯不释放或释放缓慢。

质量问题原因

(1)触头弹簧压力过小。
(2)触头熔焊。
(3)可动部分被卡住、转轴生锈或歪斜。
(4)反作用弹簧损坏。
(5)铁芯端面有油污。
(6)E形铁芯的去剩磁气隙过小。

质量问题

质量问题预防

(1)调整弹簧压力。

(2)先根除熔焊原因,再修理或更换触头。

(3)排除卡住故障,修理受损零件。

(4)更换反作用弹簧。

(5)清理铁芯端面。

(6)将中铁芯端面锉去少许或更换铁芯。

质量问题

线圈常见质量问题一

质量问题表现

线圈过热或烧坏。

质量问题原因

(1)电源电压过高或过低。

(2)线圈技术参数(如电压、频率、持续率、工作制等)与实际使用条件不符。

(3)操作频率(交流线圈)过高。

(4)线圈绝缘损坏,有匝间短路或机械损伤。

(5)环境条件恶劣,如潮湿、有腐蚀性气体、环境温度过高等。

(6)交流动铁芯不能吸上。

(7)交流铁芯端面不平、歪斜、消剩磁气隙过大或有污垢。

质量问题预防

(1)调整电源电压。

(2)更换线圈或更换接触器。

(3)另选合适的接触器。

(4)更换线圈,并排除引起机械损伤的原因。

(5)采用特殊设计的接触器。

(6)排除不能吸上的原因。

(7)清理铁芯端面,修理或更换铁芯。

线圈常见质量问题二

质量问题表现

交流线圈的接触器噪声过大、振动明显。

质量问题原因

(1)电源电压过低。

(2)触头弹簧压力过大。

(3)铁芯歪斜或机械上卡住而不能吸平。

(4)铁芯端面生锈或有油污灰尘。

(5)短路环断裂或脱落。

(6)铁芯端面磨损过度而不平。

质量问题预防

(1)调整电源电压。

(2)调整弹簧压力。

(3)排除机械故障,修理可动系统。

(4)清理铁芯端面。

(5)修理或恢复短路环。

(6)更换铁芯。

触头常见质量问题一

质量问题表现

触头过热或灼伤。

质量问题原因

(1)触头弹簧压力过小。

(2)触头表面不平、有油污或金属颗粒。

(3)环境温度过高或控制箱密闭。

质量问题

(4)直流接触器的消弧线圈接反。

(5)操作频率过高、电流过大、触头的断开容量不够。

(6)触头的超程太小。

质量问题预防

(1)调整弹簧压力。

(2)清理触头表面。

(3)更换更大容量的接触器。

(4)更正接线。

(5)调整超程或更换触头。

质量问题

触头常见质量问题二

质量问题表现

触头熔焊。

质量问题原因

(1)操作频率过高或过负载使用。

(2)负载侧短路。

(3)触头表面有金属颗粒突起或异物。

(4)触头弹簧压力过小。

(5)电源电压过低或机械上卡住,致使吸合过程中有停滞现象,触头停顿在刚接触的位置上。

质量问题预防

(1)更换合适类型的接触器。

(2)先排除短路故障,再更换触头。

(3)清理触头表面或更换触头。

(4)调整弹簧压力。

(5)调整电源电压或排除卡住故障使吸合可靠。

质量问题

触点常见质量问题

质量问题表现

触点过度磨损。

质量问题原因

(1)三相触点动作不同步。

(2)操作电压过低使合闸跳跃。

(3)接触器容量不足,特别是在反接制作、操作频率过高的情况下。

(4)触点分断时电弧温度过高使触点金属氧化。

(5)灭弧装置损坏,使触点分断时产生电弧、不分割成小段迅速熄灭。

(6)触点初压力太小。

质量问题预防

(1)调整三相触点使其动作同步。

(2)调整电源电压为额定值。

(3)使接触器降低容量或改用适合繁重任务的接触器。

(4)检修或更换灭弧装置。

(5)更换灭弧装置。

(6)调整初压力。

质量问题

低压电气动力设备通电后不能工作

质量问题表现

通电后不吸合。

质量问题原因

(1)控制回路接线不正确。

(2)线圈导线断路或者烧坏。

(3)机械可动部分卡住,转轴锈蚀。

质量问题

(4)控制按钮触点失效、控制回路触点接触不良。

(5)线圈供电线路断路。

质量问题预防

(1)检查、改正接线。

(2)在断电后用万用表电阻挡测量线圈通断情况,决定是否更换。

(3)拆下灭弧罩后按动触点,如果不灵活,排除相应故障,拆下相关零件,修理受损零件。

(4)检查控制回路,使触点接触良好。

(5)检查引入电源,查看接线端有没有出现断线、虚焊或开焊现象,检查有没有电压。

第二章　电缆敷设工程

第一节　裸母线、封闭母线、插接式母线安装

一、施工质量验收标准

裸母线、封闭母线、插接式母线安装的质量验收标准见表 2-1。

表 2-1　裸母线、封闭母线、插接式母线安装的质量验收标准

项　　目	内　　容
主控项目	（1）绝缘子的底座、套管的法兰、保护网（罩）及母线支架等可接近裸露导体应接地（PE）或接零（PEN）可靠。不应作为接地（PE）或接零（PEN）的接续导体。 （2）母线与母线或母线与电器接线端子，当采用螺栓搭接连接时，应符合下列规定： 　1）母线的各类搭接连接的钻孔直径和搭接长度符合《建筑电气工程施工质量验收规范》（GB 50303—2002）附录 C 的规定，用力矩扳手拧紧钢制连接螺栓的力矩值符合《建筑电气工程施工质量验收规范》（GB 50303—2002）中附录 D 的规定； 　2）母线接触面应保持清洁，并涂电力复合酯，螺栓孔周边无毛刺； 　3）连接螺栓两侧有平光垫圈，相邻垫圈间有大于 3 mm 的间隙，螺母侧装有弹簧垫圈或锁紧螺母； 　4）螺栓受力均匀，不使电器的接线端子受额外应力。 （3）封闭、插接式母线安装应符合下列规定： 　1）母线与外壳同心，允许偏差为 ±5 mm； 　2）当段与段连接时，两相邻段母线及外壳对准，连接后不使母线及外壳受额外应力； 　3）母线的连接方法应符合产品技术文件要求。 （4）室内裸母线的最小安全净距应符合《建筑电气工程施工质量验收规范》（GB 50303—2002）中附录 E 的规定。 （5）高压母线交流工频耐压试验必须按相应规定进行交接试验。 （6）低压母线交接试验应符合《建筑电气工程施工质量验收规范》（GB 50303—2002）中有关内容的规定
一般项目	（1）母线的支架与预埋铁件采用焊接固定时，焊缝应饱满；采用膨胀螺栓固定时，选用的螺栓应适配，连接应牢固。 （2）母线与母线、母线与电器接线端子搭接，搭接面的处理规定。 　1）铜与铜：室外、高温且潮湿的室内，搭接面搪锡；干燥的室内，不搪锡。 　2）铝与铝：搭接面不做涂层处理。 　3）钢与钢：搭接面搪锡或镀锌。

续上表

项　目	内　容
一般项目	4)铜与铝:在干燥的室内,铜导体搭接面搪锡;在潮湿场所,铜导体搭接面搪锡,且采用铜—铝过渡板与铝导体连接。 5)钢与铜或铝:钢搭接面搪锡。 (3)母线的相序排列及涂色,当设计无要求时的规定。 1)上、下布置的交流母线,由上至下排列为 A、B、C 相;直流母线正极在上,负极在下。 2)水平布置的交流母线,由盘后向盘前排列为 A、B、C 相;直流母线正极在后,负极在前。 3)面对引下线的交流母线,由左至右排列为 A、B、C 相;直流母线正极在左,负极在右。 4)母线的涂色:交流,A 相为黄色,B 相为绿色,C 相为红色;直流,正极为赭色,负极为蓝色;在连接处或支持件边缘两侧 10 mm 以内不涂色。 (4)母线在绝缘子上安装的规定。 1)金具与绝缘子间的固定平整牢固,不使母线受额外应力。 2)交流母线的固定金具或其他支持金具不形成闭合铁磁回路。 3)除固定点外,当母线平置时,母线支持夹板的上部压板与母线间有 1~1.5 mm 的间隙;当母线立置时,上部压板与母线间有 1.5~2 mm 的间隙。 4)母线的固定点,每段设置 1 个,设置于全长或两母线伸缩节的中点。 5)母线采用螺栓搭接时,连接处距绝缘子的支持夹板边缘不小于 50 mm。 (5)封闭、插接式母线组装和固定位置应正确。外壳与底座间、外壳各连接部位和母线的连接螺栓应按产品技术文件要求选择正确,连接紧固

二、标准的施工方法

1. 裸母线安装

裸母线安装标准的施工方法见表 2-2。

表 2-2　裸母线安装标准的施工方法

项　目	内　容
放线测量	(1)根据母线和支架的规格、型号,核对是否与图纸相符。 (2)核对沿母线敷设的空间有无障碍物。 (3)如母线安装于箱、柜内,测量与设备上其他部件的安全距离是否符合要求。 (4)根据测量位置、放线确定各段支架和母线的加工尺寸
支架及拉紧装置安装	(1)母线支架用角钢或槽钢制作时,支架上的螺孔宜加工成长孔,以便于安装。当混凝土墙、梁、柱、板有预埋件时,支架焊在预埋件上,无预埋件时,采用膨胀螺栓固定,支架规格尺寸,参见华北地区标准化办公室编制的《建筑电气通用图集(92DQ5)》的规定。 (2)当母线跨梁、柱或屋架敷设时,需在母线终端或中间安装终端或中间设拉紧装置。其拉紧装置固定支架宜装有调节螺母的拉线,拉线的固定点应能承受 1.2 倍的拉线张力。安装完的母线在同一挡距内,各相邻母线的弛度最大偏差应小于 10%

续上表

项　目	内　容
绝缘子安装	(1)检查绝缘子的外观应无裂纹和缺损,然后摇测绝缘子的绝缘,其绝缘值不应小于 1 MΩ,6～10 kV 支柱绝缘子安装前应做耐压试验。 (2)绝缘子的夹板、卡板的规格相适应,夹板、卡板安装需牢固。 (3)绝缘子上下要各垫一个石棉垫
母线的加工	(1)硬母线的再安装前必须进行矫正,使其平直,手工调直时,必须用木锤,下面垫道木进行作业时,不得用铁锤。 (2)母线切断时可使用手锯或无齿锯作业,不得用电弧或乙炔进行切断
母线的弯曲	(1)母线的弯曲有平弯、立弯,如图 2-1 所示。 (2)母线的弯曲应用专用工具(母线搣弯器)冷搣,弯曲部位不得有裂纹和显著的折皱出现。 (3)母线开始弯曲处到母线连接部位边缘的距离,不应小于 50 mm;到最近绝缘子的支持夹板边缘不应小于 50 mm,但不得大于母线两支持点间距的1/4。 (4)母线的平转弯曲半径不得小于表 2-3 的规定。 (5)母线进行 90°扭转时,母线扭转部分的长度应为母线宽度的 2.5～5 倍(图 2-2)
母线的连接、安装	母线的连接、安装见表 2-4
母线涂色刷油	母线的涂色刷油,应符合《建筑电气工程施工质量验收规范》(GB 50303—2002)的要求
送电前检查	(1)母线安装完成后应清理工作现场,保持现场清洁干净。 (2)检查螺栓连接是否紧固,金属构件加工和焊接质量是否符合要求。 (3)所有螺栓、垫圈、弹簧垫、锁紧螺母均应齐全可靠。 (4)油漆完好,相色正确,接地良好;母线相间及对地电气距离符合要求
运行验收	(1)母线送电前应进行耐压试验,低压母线采用兆欧表摇测。 (2)送电后应进行母线核相试验。 (3)母线进行空载和有载运行时,电压、电流指示正常,并进行记录。经过 24 h 安全可靠运行后,即可办理验收移交手续

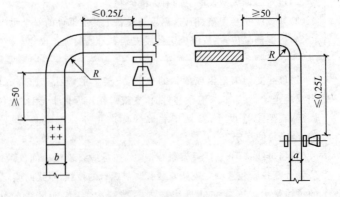

图 2-1　母线的立弯与平弯(单位:mm)

a—母线厚度;b—母线宽度;L—母线两支持点间的距离;R—母线最小弯曲半径

表 2-3 母线最小弯曲半径(R)值

母线种类	弯曲方式	母线断面尺寸(mm)	最小弯曲半径(mm)		
			铜	铝	钢
矩形母线	平弯	50×5 及其以下	$2a$	$2a$	$2a$
		125×10 及其以下	$2a$	$2.5a$	$2a$
	立弯	50×5 及其以下	$1b$	$1.5b$	$0.5b$
		125×10 及其以下	$1.5b$	$2b$	$1b$
棒形母线	—	直径为 16 及其以下	50	7	50
		直径为 30 及其以下	150	150	150

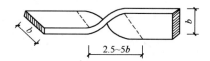

图 2-2 母线扭转 90°(单位:mm)

b—母线的宽度

表 2-4 母线的连接、安装

项 目	内 容
母线连接	母线的连接可采用螺栓连接或焊接两种方式。 (1)螺栓连接。 1)母线螺栓搭接尺寸见表 2-5。 2)矩形母线采用螺栓固定搭接时,连接处距支柱绝缘子的支持夹板边缘不应小于 50 mm;上片母线端头与下片母线平弯开始处的距离不应小于等于 50 mm,如图 2-3 所示。 3)母线与母线、母线与分支线、母线与电器接线端子搭接时,其搭接面必须平整、清洁,并涂以电力复合脂。 4)母线采用螺栓连接时,平光垫圈应选用专用厚垫圈,螺栓、平光垫圈及弹簧垫必须用镀锌件。螺栓长度应考虑在螺栓紧固后螺纹应露出螺母外 2~3 扣。母线水平安装螺栓由下向上,母线按垂直安装螺栓由内向外穿。 5)母线的接触面应连接紧密,连接螺栓应用力矩扳手紧固。 (2)焊接连接。 1)母线焊接应由经培训考试合格取得相应资质证书的焊工进行。 2)正式焊接前,应首先进行焊接工艺试验,焊接接头性能应符合《电气装置安装工程母线装置施工及验收规范》(GB 50149—2010)的要求。 3)焊接场所应采取可靠的防风、防雨、防雪、防冻、防火等措施。 4)焊接前应确认母材的牌号,并应正确选定焊接材料和制定合理的焊接工艺。

项　　目	内　　容
母线连接	5)母线焊接所用的焊条、焊丝应符合现行国家标准的有关规定。焊接前,焊条应按规定烘焙,焊丝应去除表面氧化膜、水分和油污等杂物。 6)直径大于 300 mm 的对接接头宜采取对称焊。 7)焊接前应将母线坡口两侧表面各 30~50 mm 范围内清刷干净,不得有氧化膜,水分和油污;坡口加工面应无毛刺和飞边。 8)每道焊缝应连续施焊;焊缝未完全冷却前,母线不得移动或受力。 9)铝及铝合金硬母线对焊时,焊口尺寸应符合表 2-6 的规定。 10)管形母线补强衬管的纵向轴线应位于焊口中央,衬管与管母线的间隙应小于 0.5 mm(图 2-4)。 11)母线对接焊缝的部位应符合下列规定: ①焊缝离支持绝缘子母线夹板边缘不应小于 100 mm; ②母线宜减少对接焊缝; ③同相母线不同片上的对接焊缝,其错开位置不应小于 60 mm
母线的安装	(1)母线在支柱绝缘子上固定时应符合下列要求: 1)母线固定金具与支柱绝缘子间的固定应平整牢固,不应使其所支持的母线受到额外应力; 2)交流母线的固定金具或其他支持金具不应成闭合铁磁回路; 3)当母线平置时,母线支持夹板的上部压板应与母线保持 1~1.5 mm 的间隙;当母线立置时,上部压板应与母线保持 1.5~2 mm 的间隙; 4)母线在支柱绝缘子上的固定死点,每一段应设置 1 个,并宜位于全长或两母线伸缩节中点; 5)管形母线安装在滑动式支持器上时,支持器的轴座与管母线之间应有 1~2 mm 的间隙; 6)母线固定装置应无棱角和毛刺。 (2)室内裸母线的最小安全净距见表 2-7。 (3)重型母线的安装应符合下列规定: 1)母线与设备连接处宜采用软连接,连接线的截面不应小于母线截面; 2)母线的紧固螺栓,铝母线宜用铝合金螺栓,铜母线宜用铜螺栓;紧固螺栓时应用力矩扳手; 3)在运行温度高的场所,母线不应有铜铝过渡接头; 4)母线在固定点的活动滚杆应无卡阻,部件的机械强度及绝缘电阻值应符合设计要求。 (4)铝合金管形母线的安装应符合下列规定: 1)管形母线应采用多点吊装,不得伤及母线; 2)母线终端应安装防电晕装置,其表面应光滑、无毛刺或凹凸不平; 3)同相管段轴线应处于一个垂直面上,三相母线管段轴线应互相平行; 4)水平安装的管形母线,宜在安装前采取预拱措施

表 2-5 母线螺栓搭接尺寸

搭接形式	类别	序号	连接尺寸			钻孔要求		螺栓规格
			b_1	b_2	a	ϕ(mm)	个数	
	直线连接	1	125	125	b_1 或 b_2	21	4	M20
		2	100	100	b_1 或 b_2	17	4	M16
		3	80	80	b_1 或 b_2	13	4	M12
		4	63	63	b_1 或 b_2	11	4	M10
		5	50	50	b_1 或 b_2	9	4	M8
		6	45	45	b_1 或 b_2	9	4	M8
		7	40	40	80	13	2	M12
		8	31.5	31.5	63	11	2	M10
		9	25	25	50	9	2	M8
	垂直连接	10	125	125	—	21	4	M20
		11	125	100～80	—	17	4	M16
		12	125	63	—	13	4	M12
		13	100	100～80	—	17	4	M16
		14	80	80～63	—	13	4	M12
		15	63	63～50	—	11	4	M10
		16	50	50	—	9	4	M8
		17	45	45	—	9	4	M8
		18	125	50～40	—	17	2	M16
		19	100	63～40	—	17	4	M14
		20	80	63～40	—	15	2	M14
		21	63	50～40	—	13	2	M10
		22	50	45～40	—	11	2	M10
		23	63	31.5～25	—	11	2	M10
		24	50	31.5～25	—	9	2	M8

续上表

搭接形式	类别	序号	连接尺寸			钻孔要求		螺栓规格
			b_1	b_2	a	ϕ(mm)	个数	
	垂直连接	25	125	31.5~25	60	11	2	M10
		26	100	31.5~25	—	9	2	M8
		27	80	31.5~25	—	9	2	M8
		28	40	40~31.5	—	13	1	M12
		29	40	25	—	11	1	M10
		30	31.5	31.5~25	—	11	1	M10
		31	25	22	—	9	1	M8

注:a—母线的厚度;b—母线的宽度。

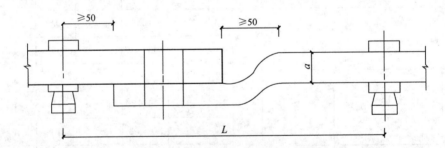

图 2-3 矩形母线搭接(单位:mm)

a—母线的厚度;L—母线两支持点之间的距离

表 2-6 对口焊焊口尺寸　　　　　　　　　　　　　(单位:mm)

接头类型	图　形	焊件厚度 δ	焊接结构尺寸			适用范围
			$\alpha(°)$	b	p	
对接接头		<5	—	0.5~2	—	板件
		5~12	35~40	2~3	1~2	板件或管件

续上表

接头类型	图　形	焊件厚度 δ	焊接结构尺寸			适用范围
			α(°)	b	p	
对接接头		>10	30~35	2~3	1.3~3	板件
		>5	25~30	6~8 5~6	1~2	板件或管件
		3~12	—	—	—	板件
角接接头		>10	35~40	1~2	2~3	板件
		>15	35~40	1~2	2~3	板件
搭接接头		>5	搭接长度 L≥2δ			板件或管件

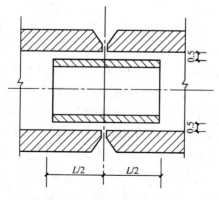

图 2-4　衬管位置(单位:mm)

L—衬管长度

表 2-7　室内裸母线安装的最小安全净距

符号	适用范围	定额电压（kV）			
		0.4	1～3	6	10
A_1	(1)带电部分至接地部分之间； (2)网状和板状遮栏向上延伸线距地 2.3 m 处与庶栏上方带电部分之间	20	75	100	125
A_2	(1)不同粗的带电部分之间； (2)断路器和隔离开关的断口两侧带电部分之间	20	75	100	125
B_1	(1)栅状遮栏至带电部分之间； (2)交叉的不同时停电检修的无遮栏带电部分之间	800	825	850	875
B_2	网状遮栏至带电部分之间	100	175	200	225
C	无遮栏裸导体至地(楼)面间	2 300	2 375	2 400	2 425
D	平行的不同时停电检修的无遮栏裸导体之间	1 875	1 875	1 900	1 923
E	通向室外的出线套管至室外通道的路面	3 650	4 000	4 000	4 000

质量问题

母线弯曲、搭接接触面不符合要求

质量问题表现

母线弯曲、搭接接触面不平整，出现氧化膜、折皱和隆起现象。

质量问题原因

母线加工时未用样板，操作者对加工方法和操作规程不熟悉。

质量问题预防

(1)对于小型母线的弯曲，可用台虎钳弯曲，但大型母线则需用母线弯曲机进行弯制。母线扭弯可用扭弯器，如图 2-5 所示。弯制时，先将母线扭弯部分的一端夹在台虎钳上，为避免钳口夹伤母线，钳口与母线接触处应垫以铝板或硬木。母线的另一端用扭弯器夹住，然后双手用力转动扭弯器的手柄，使母线弯曲达到需要形状为止。

(2)母线接触面加工是保证母线安装质量的关键。母线接触面应紧密、洁净，接触面是指母线与母线及母线设备端子连接时接触部分的表面。母线用螺栓连接的接触面，看起来好像很平整，但如果在显微镜下观察，实际只有部分凸出点接触。所以，接触面存在着接触电阻，接触电阻的大小与接触面尺寸、接触面处理质量和接触面间相互的压力等有关。接触加工愈平，相互间压力愈大，接触的点就愈多，电流的分布就愈均匀。一般规定，螺栓连接点的接触电阻，不能大于同长度母线本身电阻的 20%。

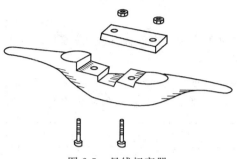

图 2-5 母线扭弯器

(3)接触面加工的主要作用,是消除母线表面的氧化膜、折皱和隆起部分;使接触面平整而略呈粗糙。加工方法通常有机械加工、手锉加工等。机械加工使用铣床或刨床,虽然效率高,但有时现场缺乏条件。手锉加工虽然方法简单,但效率很低,而且要有较高的钳工操作技术。采用上述两种方法加工后,母线截面都有所减小。截面的减小值,铜母线不应超过原截面的3%,铝母线不应超过原截面的5%。为使母线加工后少减小截面,达到接触面平整的目的,可采用母线平整机加工,如图2-6所示。这种机具结构简单,一般都可自制,只要用2块150 mm×150 mm×50 mm的钢板,平面用磨床磨光,放在千斤顶上部,作为母线平整的模具。操作时,首先将母线端部放在两块模具之间,然后操作千斤顶,将两块模具顶紧,使母线接触面压平。压好后,用平尺检查,如已平整则用钢丝刷清除母线表面氧化膜,使接触面略呈粗糙,随即涂一层中性凡士林,使接触面与空气隔绝。加工后,如不立即安装,接头应用纸包好。铜母线或钢母线加工后,不必涂中性凡士林,只要把表面的锈垢刷干净,搪上一层锡即可。

图 2-6 母线平整机

(4)当不同规格母线搭接时,应按小规格母线要求进行,母线宽度在 63 mm 及以上者用 0.05 mm×10 mm 塞尺检查时塞入深度应小于 6 mm;母线宽度在 56 mm 及其以下者,塞入深度应小于 4 mm。

(5)对不同金属的母线搭接,除铝—铝之间可直接连接外,其他类型的搭接,表面需进行处理。

1)对铜—铝搭接,在干燥室内安装,铜导体表面应搪锡,在室外或特别潮湿的室内安装,应采用铜—铝过渡段。因为铜与铝用螺栓直接连接,会引起电化腐蚀和热弹性变形,损坏接头,安装铜—铝过渡板时,过渡板的焊缝应离开设备端子3～5 mm,以免产生过

质量问题

渡腐蚀。

2）对铜—铜搭接，在室外或者在有腐蚀气体、高温且潮湿的室内安装时，铜导体表面必须搪锡。

3）在干燥的室内，铜—铜也可直接连接。

4）钢—钢搭接，表面应搪锡或镀锌，钢—铜或铝搭接，钢、铜搭接面必须搪锡。

质量问题

母线焊接不符合要求

质量问题表现

母线焊接时，对口超差，焊缝质量不符合规范要求。

质量问题原因

施工人员对焊接质量要求不熟悉，焊接后也没有进行检查。

质量问题预防

母线焊接时，应对焊接质量进行严格检查，检查标准和要求如下。

（1）对口应平直，其弯折偏移不应大于 1/500，中心线偏移不得大于 0.5 mm，如图 2-7 所示。

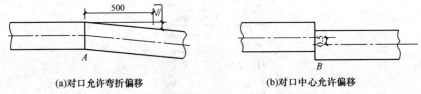

(a)对口允许弯折偏移　　　　　　(b)对口中心允许偏移

图 2-7　母线对口偏差

（2）母线上焊缝质量应符合下列要求。

1）焊缝的填充材料，其物理性能与化学成分应与原材料一致。

2）焊缝应饱满呈半圆形，不得有裂纹、气孔、夹渣和根部未焊透、未焊全的现象。

3）焊缝表面的夹渣、凹陷、缺肉、咬边、弧坑或缩孔而引起的截面减少不得超过原母线截面的 2%。

4）焊缝的位置应符合下列要求：

与支持绝缘子顶帽边距离　　　　　　＞50 mm；

与母线弯曲处距离　　　　　　＞50 mm；

同一母线上两焊缝间距　　　　　　＞200 mm；

同相不同片焊缝间错开距离　　　　　　＞50 mm。

5)焊缝尺寸。焊缝外形应呈半圆形。焊缝的宽度,上面焊缝为 15~30 mm,下面焊缝为 16~8 mm;焊缝凸起高度,上面焊缝为 2~4 mm,下面焊缝为 1.5~2.5 mm。

6)焊缝抗拉极限强度,铝母线不低于 65 MPa;铜母线不低于 140 MPa。焊接接头的直流电阻值,不得大于等长度原金属的电阻值。

7)每个焊缝应一次焊完,除瞬间断弧外不准停焊;母线焊完未冷却前,不得移动或受力。

母线热胀冷缩时不能自由伸缩

质量问题表现

当温度变化,母线热胀冷缩时,不能自由伸缩,易使母线、绝缘子受到损坏,不能保证安全使用。

质量问题原因

安装母线时,未按规定安装伸缩节。

质量问题预防

(1)母线安装时,为使母线在温度变化时有伸缩的自由,应按设计规定装设母线伸缩节,设计没有规定时,铝母线宜每隔 20~30 m 设一个,铜母线宜每隔 30~50 mm 设置一个,钢母线宜每隔 35~60 mm 设置一个。

(2)母线的伸缩节一般都用成品,无需现场单独加工,也可以自制,在自制时伸缩节可用 0.2~0.5 mm 厚的铜(或铝)片叠合后与铜(或铝)板焊接而成。伸缩节不得有裂纹、断股和折皱现象,伸缩节的总截面不应小于母线截面的 1.2 倍。母线伸缩节的形状,如图 2-8 所示。

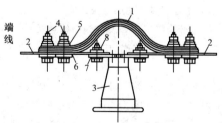

图 2-8　母线伸缩节

1—补偿器;2—母线;3—支柱绝缘子;4—螺栓;

5—垫圈;6—补垫;7—盖板;8—螺栓

质量问题

(3)母线与电器接线端子连接时,如果电器的接线端子为套管接线端子时,在紧固螺栓时,不应使电器接线端子承受额外的应力。

(4)母线与螺杆形接线端子连接时,母线的孔径不应大于螺杆形接线端子直径1 mm。螺纹的氧化膜必须刷净,螺母接触面必须平整,螺母与母线间应加铜质搪锡平垫圈,并应有锁紧螺母,但不得加弹簧垫。

2. 封闭母线、接插式母线安装

封闭母线、插接式母线安装标准的施工方法见表 2-8。

表 2-8 封闭母线、插接式母线安装标准的施工方法

项　目	内　容
设备检验调整	(1)设备进场后,应有安装单位、建设单位或监理单位、供货单位共同进行检查,并做好记录。 (2)根据装箱单检查设备及附件,其规格、数量、品种应符合设计要求。 (3)分段标志应清晰齐全、外观无损伤变形,测试母线绝缘电阻值应符合相关规范要求,并做好记录
支架制作和安装	支架制作和安装应按设计各产品技术文件的规定制作和安装,如设计和产品技术文件无规定时,按下列要求制作和安装。 (1)支架制作。 1)根据施工现场结构类型,支架应采用角钢或槽钢制作。应采用"一"字形、"L"形、"工"字形、"T"字形四种形式。 2)支架的加工制作按选好的型号,测量好的尺寸断料制作,断料严禁气焊切割,加工尺寸最大误差 5 mm。 3)用台钳搣弯型钢架,并用锤子打制,也可使用油压搣弯器用模具顶制。 4)支架上钻孔应用台钻或手电钻钻孔,不得用气焊割孔,孔径不得大于螺栓2 mm。 5)螺杆套扣,应用套丝机或套丝板加工,不许断丝。 (2)支架的安装。 1)安装支架前应根据母线路径的走向测量出较准确的支架位置,在已确定的位置上钻孔,固定好安装支架的膨胀螺栓。 2)封闭插接母线的拐弯处及与箱(盘)连接处必须加支架;垂直敷设的封闭插接母线当进线盒及末端悬空时,应采用支架固定;直段插接母线支架的距离不应大于2 m。 3)埋注支架用水泥砂浆,灰砂比为 1∶3,强度等级为 42.5 级及其以上的水泥,应注意灰浆饱满、严实、不高出墙面,埋深不少于 80 mm。 4)固定支架的膨胀螺栓不少于两个。一个吊架应用两根吊杆,固定牢固,螺扣外露 2~4 扣,膨胀螺栓应加平光垫圈和弹簧垫,吊架应用双螺母夹紧。 5)支架及支架与埋件焊接处刷防腐油漆应均匀,无漏刷,不污染建筑物。 6)支架安装应位置正确,横平竖直,固定牢固,成排安装,并应排列整齐,间距均匀,刷油漆均匀,无漏刷,不污染建筑物

续上表

项　目	内　容
封闭式母线安装	(1)一般要求。 1)封闭插接母线应按设计和产品技术文件规定进行组装,组装前应对每段母线进行绝缘电阻测定,测量结果应符合设计要求,并做好记录。 2)封闭插接母线固定距离不得大于2.5 m。水平敷设距地高度不应小于2.2 m。母线应可靠固定在支架上,如图2-9所示。 3)母线槽的端头应装封闭罩,各段母线槽的外壳的连接应是可拆的,外壳间有跨接地线,两端应可靠接地。接地线压接处应有明显接地标志。 4)母线与设备连接采用软连接。母线紧固螺栓应由厂家配套供应,应用力矩扳手紧固,如图2-10所示。 5)母线段与段连接时,两相邻段母线及外壳应对准,母线接触面保持清洁,并涂电力复合酯,连接后不使母线及外壳受额外应力。 (2)母线沿墙水平安装时,安装高度应符合设计要求,无具体设计要求时不应距地小于2.2 m,母线应可靠固定在支架上。 (3)母线槽悬挂吊装时,吊杆直径按产品技术文件要求选择,螺母应能调节,如图2-11所示。 (4)封闭式母线落地安装时,安装高度应按设计要求,设计无要求时应符合规范要求。立柱可采用钢管或型钢制作。 (5)封闭式母线垂直安装过楼板处应加装防震装置,并做防水台,如图2-12所示。 (6)封闭式母线敷设长度超过40 m时,应设置伸缩节,跨越建筑物的伸缩缝或沉降缝处,宜采取适当的措施,设备订货时应提出此项要求,如图2-13所示。 (7)封闭式母线插接箱安装应可靠固定,垂直安装时,安装高度应符合设计要求,设计无要求时,插接箱底口宜为1.4 m,如图2-14所示。 (8)封闭式母线垂直安装距地1.8 m以下,并应采取保护措施(电气专用竖井、配电室、电机室、技术层等除外)。 (9)封闭式母线穿越防火墙、防火楼板时,应采取防火隔离措施。 (10)封闭插接母线组装和卡固位置正确,固定牢固,横平竖直,成排安装应排列整齐,间距均匀,便于检修。 (11)封闭插接母线外壳应可靠接地,接地牢固,防止松动,并严禁焊接
现场检验	(1)试运行条件:变配电室已达到送电条件,土建及装饰工程及其他工程全部完工,并清理干净,绝缘良好。 (2)对封闭式母线进行全面的整理,清扫干净,接头连接紧密,相序正确,外壳接地(PE)或接零(PEN)良好。绝缘摇测和交流工频耐压试验合格,才能通电。低压母线的交流耐压实验电压为1 kV,当绝缘电阻值大于10 MΩ时,可用2 500 V兆欧表摇测替代,试验持续时间为1 min。 (3)送电空载运行24 h无异常现象,办理验收手续,交建设单位使用,同时提交验收资料。 (4)验收资料,包括:交工验收单,变更、洽商记录,产品合格证,说明书,测试记录,运行记录等

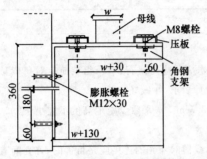

图 2-9　母线固定在支架上示意图(单位:mm)

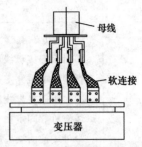

图 2-10　母线与设备连接采用软连接安装示意图

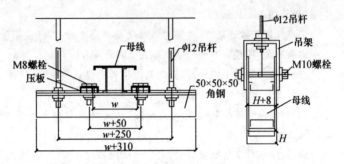

图 2-11　母线槽悬挂吊装安装示意图(单位:mm)

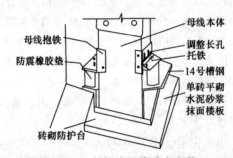

图 2-12　封闭式母线垂直安装

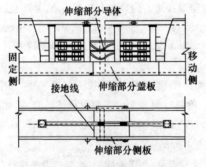

图 2-13　封闭式母线跨越建筑物的
伸缩缝或沉降缝处做法

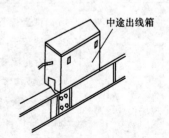

图 2-14　封闭式母线插接箱安装

质量问题

交流母线的固定金具或其他支持金具形成了闭合铁磁回路

质量问题表现

交流母线的固定铁件及支持夹板对交流母线形成闭合铁磁回路,在负荷电流下发生了短路涡流效应,消耗电能。

质量问题原因

安装人员对安装规范不熟悉,对母线的固定形式不了解,以致形成闭合铁磁回路,发生短路涡流效应。

质量问题预防

支持母线的绝缘子在安装调整好以后,就可以安装母线进行固定了。母线在绝缘子上的固定方法有螺栓固定、夹板固定和卡板固定三种不同类型。

母线固定在支持绝缘子上,可以平放,也可以立放,应根据需要决定。

(1)用螺栓固定母线。母线用螺栓固定是直接将母线用螺栓固定在支柱绝缘子上,母线的固定孔应事先钻成椭圆形,孔的长轴部分应顺着母线方向,以便温度变化时使母线留有伸缩余地,不至于拉坏母线绝缘子。目前这种固定母线的方法已不多见。

(2)用卡板固定母线。母线在用卡板固定时,母线不需要钻孔,只要把母线放入卡板内,待母线连接调整后,将卡板沿顺时针方向水平旋转,以卡住母线,如图2-15所示。

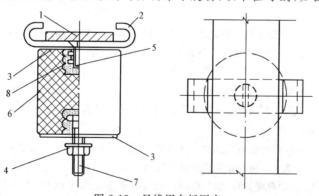

图 2-15　母线用卡板固定

1—母线;2—30×5母线卡子;3—红钢纸δ=0.5垫圈;4—M10螺母;
5—M10×30沉头螺钉;6—绝缘子;7—M10×40螺栓;8—填料

(3)用夹板固定母线。母线用夹板固定时,在母线上也不需要钻孔,母线通过夹板,在夹板两边用螺栓固定,如图2-16所示。母线在夹板内水平放置时,上夹板与母线之间要保持有1~1.5 mm的间隙;母线在夹板内立置时,上部夹板应与母线保持1.5~2 mm的间隙。用夹板固定母线时,上夹板采用非铁磁铝板,下夹板可采用钢夹板,这样交流母线的固定金具和其他支持夹板就不会形成铁磁回路,不会发生短路涡流效应,不会消耗电能。

质量问题

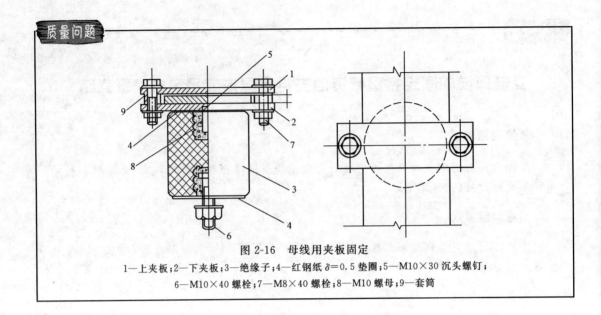

图 2-16　母线用夹板固定

1—上夹板；2—下夹板；3—绝缘子；4—红钢纸 δ＝0.5 垫圈；5—M10×30 沉头螺钉；
6—M10×40 螺栓；7—M8×40 螺栓；8—M10 螺母；9—套筒

第二节　电缆桥架安装和桥架内电缆敷设

一、施工质量验收标准

电缆桥架安装和桥架内电缆敷设的质量验收标准见表 2-9。

表 2-9　电缆桥架安装和桥架内电缆敷设的质量验收标准

项　　目	内　　容
主控项目	(1)金属电缆桥架及其支架和引入或引出的金属电缆导管必需接地(PE)或接零(PEN)可靠，且必须符合的规定。 1)金属电缆桥架及其支架全长应不少于 2 处与接地(PE)或接零(PEN)干线相连接。 2)非镀锌电缆桥架间连接板的两端跨接铜芯接地线，其最小允许截面积不小于 4 mm²。 3)镀锌电缆桥架间连接板的两端不跨接接地线，但连接板两端不少于 2 个有防松螺母或防松垫圈的连接固定螺栓。 (2)电缆敷设严禁有绞拧、铠装压扁、护层断裂和表面严重划伤等缺陷
一般项目	(1)电缆桥架安装的规定。 1)直线段钢制电缆桥架长度超过 30 m，铝合金或玻璃钢制电缆桥架长度超过 15 m，设有伸缩节；电缆桥架跨越建筑物变形缝处设置补偿装置。 2)电缆桥架转弯处的弯曲半径，不小于桥架内电缆最小允许弯曲半径，电缆最小允许弯曲半径见表 2-10。 3)当设计无要求时，电缆桥架水平安装的支架间距为 1.5～3 m；垂直安装的支架间距不大于 2 m。

续上表

项　目	内　容
一般项目	4）桥架与支架间螺栓、桥架连接板螺栓固定紧固无遗漏，螺母位于桥架外侧；当铝合金桥架与钢支架固定时，有相互间绝缘的防电化腐蚀措施。 5）电缆桥架敷设在易燃易爆气体管道和热力管道的下方，当设计无要求时，与管道的最小净距应符合表 2-11 的规定。 6）敷设在竖井内和穿越不同防火区的桥架，按设计要求位置，有防火隔堵措施。 7）支架与预埋件焊接固定时，焊缝饱满；膨胀螺栓固定时，选用螺栓适配，连接紧固，防松零件齐全。 （2）桥架内电缆敷设的规定。 1）大于 45°倾斜敷设的电缆每隔 2 m 处设固定点。 2）电缆出入电缆沟、竖井、建筑物、柜（盘）、台处以及管子管口处等做密封处理。 3）电缆敷设排列整齐，水平敷设的电缆，首尾两端、转弯两侧及每隔 5～10 m 处设固定点；敷设于垂直桥架内的电缆固定点间距，不应大于表 2-12 的规定。 （3）电缆的首端、末端和分支处应设标志牌

表 2-10　电缆最小允许弯曲半径

序号	电缆种类	最小允许弯曲半径
1	无铅包钢铠护套的橡皮绝缘电力电缆	10D
2	有钢铠护套的橡皮绝缘电力电缆	20D
3	聚氯乙烯绝缘电力电缆	10D
4	交联聚氯乙烯绝缘电力电缆	15D
5	多芯控制电缆	10D

注：D 为电缆外径。

表 2-11　与管道的最小净距　　　　　　　　　　（单位：m）

管道类别		平行净距	交叉净距
一般工艺管道		0.4	0.3
易燃易爆气体管道		0.5	0.5
热力管道	有保温层	0.5	0.3
	无保温层	1.0	0.5

表 2-12　电缆固定点的间距　　　　　　　　　　（单位：mm）

电缆种类		固定点间距
电力电缆	全塑型	1 000
	除全塑型外的电缆	1 500
控制电缆		1 000

二、标准的施工方法

电缆桥架安装和桥架内电缆敷设标准的施工方法见表 2-13。

表 2-13　电缆桥架安装和桥架内电缆敷设标准的施工方法

项　目	内　容
弹线定位	根据设计图纸定出进户线、盒、箱、柜等电气器具的安装位置,从始端至终端(先干线后支线)找好水平或垂直线,用粉线袋沿墙壁、顶棚和地面等处,在线路的中心线进行弹线,按照设计图纸要求及施工验收规范规定,分均匀挡距并用笔标出具体位置
预留孔洞	根据设计图标出的轴线部位,将预制加工好的木质或铁制框架,固定在标出的位置上,并进行调直找正,待现浇混凝土凝固模板拆除后,撤下框架,并抹平孔洞口(收好孔洞口)
支架与吊架安装	(1)支架与吊架所用钢材应平直,无显著扭曲。下料后长短偏差应在 5 mm 范围内,切口处应无卷边、毛刺。 (2)钢支架与吊架应焊接牢固,无显著变形,焊缝均匀平整,焊缝长度应符合要求,不得出现裂缝、咬边、气孔、凹陷、漏焊等缺陷。 (3)支架与吊架应安装牢固,保证横平竖直,在有坡度的建筑物上安装支架与吊架时,应与建筑物有相同的坡度。 (4)支架与吊架的规格一般扁铁不应小于 30 mm×30 mm;角钢不应小于 25 mm×25 mm×3 mm。 (5)严禁用电气焊切割钢结构或轻钢龙骨任何部位,焊接后均应做防腐处理。 (6)万能吊具应采用定型产品,对桥架进行吊装,并应有各自独立的吊装卡具或支撑系统。 (7)固定支点间距一般不应大于 1.5～2 m,在进出接线盒、箱、柜、转角、转弯和变形缝两端及丁字接头的三端 500 mm 以内应设置固定支持点。 (8)电缆支架应安装牢固,横平竖直;托架支吊架的固定方式应按设计要求进行。各支架的同层横档应在同一水平面上,其高低偏差不应大于 5 mm。托架支吊架沿桥架走向左右的偏差不应大于 10 mm。在有坡度的电缆沟内或建筑物上安装的电缆支架,应有与电缆沟或建筑物相同的坡度。 (9)电缆支架最上层及最下层至沟顶、楼板或沟底、地面的距离,当设计无规定时,不宜小于《电气装置工程电缆线路施工及验收规范》(GB 50168—2006)的规定。 (10)严禁用木砖固定支架与吊架
预埋吊杆、吊架	采用直径不小于 8 mm 圆钢,经过切割、调直、撮弯及焊接等步骤制成吊杆、吊架。其端部应攻丝以便调整。在配合土建结构中,应随着钢筋配筋的同时,将吊杆或吊架锚固在所标出的固定位置。在混凝土浇筑时,要留有专人看护,以防吊杆或吊架位移。拆模板时不得碰坏吊杆端部的螺纹
预埋铁的自制加工	预埋铁的自制加工尺寸不应小于 120 mm×60 mm×6 mm;其锚固圆钢的直径不应小于 8 mm。紧密配合土建的结构施工,将预埋铁的平面放在钢筋网片下面,紧贴模板,可以采用绑扎或焊接的方法将锚固圆钢固定在钢筋网上。模板拆除后,预埋铁的平面应明露或吃进深度一般在 20～30 mm,将扁钢或角钢制成的支架、吊架焊在上面固定

续上表

项 目	内 容
支架或吊架安装	支架或吊架可直接焊在钢结构上的固定位置处,也可利用万能吊具进行安装
金属膨胀螺栓安装	(1)沿着墙壁或顶板根据设计图进行弹线定位,标出固定点的位置。 (2)根据支架或吊架承重的负荷,选择相应的金属膨胀螺栓及钻头,所选钻头的长度应大于套管的长度。 (3)打孔的深度应以将套管全部埋入墙内或顶板内后,表面平齐为宜。 (4)应先将打好孔洞内的碎屑清除干净,然后再用木锤或垫上木块后,用铁锤将膨胀螺栓敲进洞内,以保证套管与建筑物表面平齐,螺栓端部外露,敲击时不得损伤螺栓的螺纹
桥架安装要求	(1)桥架应平整,无扭曲变形,内壁无毛刺,各种附件齐全。 (2)桥架的接口应平整,接缝处应紧密平直。槽盖装上后应平整,无翘角,出线口的位置正确。 (3)在吊顶内敷设时,如果吊顶内无法上人时应留有检修孔。 (4)不允许将穿过墙壁的桥架与墙上的孔洞一起抹死。 (5)桥架的所有非导电部分的铁件均应相互连接和跨接,使之成为一连接导体,并做好整体接地。 (6)电缆桥架水平敷设时距地面的高度一般不低于 2.5 m。垂直敷设时距地1.8 m以下部分应加金属盖板保护。但敷设在电气专用房间内时除外。电缆桥架水平敷设在设备夹层或上人马道上低于 2.5 m,应采取保护接地措施。 (7)桥架经过建筑物的变形缝(伸缩缝、沉降缝)时,桥架本身应断开,槽内用内连接板搭接,一侧进行固定。保护接地和槽内导线均应留有补偿余量,如图 2-17所示。 (8)桥架敷设安装。 1)桥架直线连接应采用连接板,用垫圈、弹簧垫圈、螺母紧固,接槎处应缝隙严密平齐。 2)桥架进行交叉、转弯、丁字连接时,应采用单通、二通、三通、四通或二通、平面三通等进行变通连接,导线接头处应设置接线盒或将导线接头放在电气器具内。 3)桥架与盒、箱、柜等接槎处,进线和出线口均应采用抱脚连接,并用螺栓紧固,末端应加装封堵。 4)建筑物的表面如有坡度时,桥架应随其变化坡度。待桥架全部敷设完毕后,应在配线之前进行调整检查,确认合格后再进行槽内配线。 5)敷设在竖井、吊顶、通道、夹层、设备层等处的桥架应符合有关防火要求
吊装金属桥架	万能吊具一般应用在钢结构中,如工字钢、角钢、轻钢龙骨等结构,可先将吊具、卡具、吊杆、吊装器具组装成一体,在标出的固定点位置处进行吊装,逐件将吊装卡具压接在钢结构上,将顶丝拧牢。 (1)桥架直线段组装时,应先做干线,再做分支线,将吊装器具与桥架用蝶形夹卡固定在一起,按此方法,将桥架逐件组装成型。 (2)桥架与桥架可采用内连接头或外连接头,配上平光垫圈和弹簧垫,用螺母固定。 (3)桥架交叉、丁字、十字应采用二通、三通、四通进行连接,导线接头处应设置接线盒或放置在电气器具内,桥架内绝不允许有导线接头。

续上表

项　目	内　容
吊装金属桥架	(4)转弯部分应采用立上弯头和立下弯头,安装角度要适宜。 (5)出线口处应利用出线口盒进行连接,末端部位要装上封堵,在盒、箱、柜处应采用抱脚连接
保护地线安装	(1)保护地线应根据设计图要求敷设在桥架内一侧,接地处螺钉直径不应小于6 mm,并且需要加平光垫圈和弹簧垫圈,用螺母压接牢。 (2)金属桥架的宽度在100 mm以内(含100 mm),两段线槽连接板连接处(即连接板作地线时),每端螺钉固定点不少于4个;宽度在200 mm以上(含200 mm)时,两段桥架用连接板连接的保护接地线每端螺钉固定点不少于6个
电缆敷设	(1)电缆敷设前应进行绝缘电阻测试,1 kV以下电缆使用1 kV摇表测试,阻值≥10 MΩ时方可进行敷设。 (2)大于45°倾斜敷设的电缆每隔2 m处设固定点。 (3)水平敷设时,电缆的首、尾两端,转弯及每隔5~10 m处设固定点。 (4)敷设于垂直桥架内的电缆固定点间距,不大于表2-16的规定。 (5)电缆桥架转弯处的弯曲半径,不小于桥架内电缆最小允许弯曲半径,电缆最小允许弯曲半径见表2-10。 (6)下列不同电压、不同用途的电缆,不宜敷设在同一层桥架上。 1)1 kV以上和1 kV以下的电缆。 2)同一路径向一级负荷供电的双路电源电缆。 3)应急照明和其他照明的电缆。 4)强电和弱电电缆。 5)如受条件限制需安装在同一层桥架上时,应用隔板隔开。 6)在强腐蚀或特别潮湿的场所采用电缆桥架布线时,应具有相应的防护措施。 7)电缆桥架上的电缆可无间距敷设,电缆在桥架内横断面的填充率:电力电缆不应大于40%;控制电缆不应大于50%。 8)电缆敷设时应排列整齐,不应交叉,并应及时装设标志牌
线路检查及绝缘摇测	(1)线路检查。连接、焊接、包裹全部完成后,应进行自检和互检;检查导线连接、焊接、包裹是否符合设计要求及有关验收规范及质量验评标准的规定。不符合规定时应立即纠正,检查无误后再进行绝缘摇测。 (2)绝缘摇测。照明线路的绝缘摇测一般选用1 000 V的兆欧表。一般绝缘线路绝缘摇测包括电气器具未安装前进行线路绝缘摇测和电气器具全部安装完在送电前进行摇测

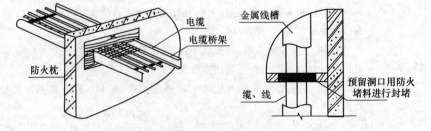

图2-17　桥架穿墙、楼板处防火做法

桥架宽度和高度的选择不符合要求

质量问题表现

桥梁宽度放不下电缆。

质量问题原因

所选桥架不能满足电缆的敷设要求,导致桥架装不下电缆,承载不了电缆的重量,影响了工程的进度和质量。

质量问题预防

托盘、梯架宽和高度的选择应满足下列要求。

(1)所选托盘、梯架规格的承载能力应满足规定。其工作均布荷载不应大于所选托盘、梯架荷载等级的额定均布荷载。

(2)托盘、梯架在承重额定均布荷载时及工作均布荷载下的相对挠度不应大于1/200。托盘、梯架直线段可按单件标准长度选择。单件标准长度虽然规定为 2 m、3 m、4 m、6 m,但在实际工程中,为避免现场切割伤害表面防腐层,在明确长度后,也允许供需双方商定的非标长度。

(3)电缆在桥架内的填充率,电力电缆可取 40%～50%,控制电缆可取 50%～70%。并应预先留有 10%～25% 的工程发展余量,以便今后为增添电缆用。

(4)托盘、梯架的宽度与高度选用规格尺寸系列要求见表 2-14。

表 2-14　钢制托盘、梯架常用规格表　　　　　　　(单位:mm)

宽度	高　　　度							
	40	50	60	70	75	100	150	200
100	+	+	+	+	−	−	−	−
200	+	+	+	+	+	+	−	−
300	+	+	+	+	+	+	−	−
400	−	+	+	+	+	+	+	−
500	−	−	+	+	+	+	+	−
600	−	−	−	+	+	+	+	+
800	−	−	−	−	+	+	+	+
1 000	−	−	−	−	−	+	+	+
1 200	−	−	−	−	−	−	+	+

注:符号+表示常用规格;−表示不常用规格。

电缆托盘桥架通过螺栓连接或电焊把金属壳体作为保护接地线

质量问题表现

电缆托盘、金属线槽、插接式母线槽通过螺栓连接或电焊把金属壳体作为保护接地线，其接地电阻达不到要求，同时电焊破坏了保护层(镀层或漆层)，使其防腐蚀性能降低。

质量问题原因

施工人员缺乏施工经验，认为电缆托盘、金属线槽和插接式母线槽的外壳本身就是导体，只需使其连通，即可替代保护接地线。但实际上电缆托盘、金属线槽、插接式母线槽各段之间的螺栓连接是不可靠的，其阻值往往达不到要求。且托盘和线槽的壳体只能作承载用，母线槽的外壳仅作保护用。

质量问题预防

(1)电缆桥架系统的金属电缆桥架及其支架和引入或引出的金属导管应该具有可靠的电气连接并接地，且应符合下列规定：

1)金属电缆桥架及其支架全长不少于2处与接地干线(PE线)连接。

2)非镀锌电缆桥架间连接板的两端跨接铜芯接地线，接地线最小允许截面面积不小于4 mm²。镀锌电缆桥架间连接板的两端不跨接接地线，但为了保证接地良好，连接板两端拥有两个以上有防松螺母或防松垫圈的连接固定螺栓。

(2)沿电缆托盘、金属线槽、插接式母线槽通长设置镀锌扁钢、镀锌圆钢或扁钢保护接地带。图2-18所示为电缆托盘(或金属线槽)保护接地的做法之一。

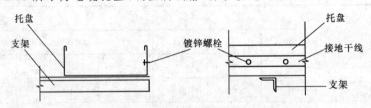

图 2-18 电缆托盘(金属线槽)保护接地做法

桥架敷设位置不合适

质量问题表现

桥架垂直敷设时，距地面高度过低，人从下方走时被桥架碰到。

质量问题

质量问题原因

施工人员未按照施工要求施工,敷设距离不符合要求。

质量问题预防

桥架敷设应符合以下要求。

(1)梯形桥架或有孔托盘桥架水平敷设时的距地高度一般不宜低于2.5 m,无孔托盘桥架距地高度可降低到2.2 m。

(2)桥架垂直敷设时,在距地1.8 m以下易触及部位,应加金属盖板保护,但敷设在电气专用房间(如配电室、电气竖井、技术层等)内时可不加金属盖板保护。

(3)桥架最上部距离楼板或顶棚及其他建筑的距离不应小于设计规定的0.3 m。

(4)弱电电缆与电力电缆间不应小于0.5 m,若有屏蔽盖板可减少到0.3 m。

(5)几组电缆桥架在同一高度平行敷设时,其间距不宜小于0.6 m。

第三节 电缆沟内及电缆竖井内电缆敷设

一、施工质量验收标准

电缆沟内及电缆竖井内电缆敷设的质量验收标准见表2-15。

表2-15 电缆沟内及电缆竖井内电缆敷设的质量验收标准

项 目	内 容
主控项目	(1)金属电缆支架、电缆导管必需接地(PE)或接零(PEN)可靠。 (2)电缆敷设严禁有绞拧、铠装压扁、护层断裂和表面严重划伤等缺陷
一般项目	(1)电缆支架安装应符合下列规定: 1)当设计无要求时,电缆支架最上层至竖井顶部或楼板的距离不小于150～200 mm;电缆支架最下层至沟底或地面的距离不小于50～100 mm; 2)当设计无要求时,电缆支架层间最小允许距离应符合表2-16的规定; 3)支架与预埋件焊接固定时,焊缝饱满;用膨胀螺栓固定时,选用螺栓适配。连接紧固,防松零件齐全。 (2)电缆在支架上敷设,转弯处的最小允许弯曲半径应符合表2-10的规定。 (3)电缆敷设固定应符合下列规定: 1)垂直敷设或大于45°倾斜敷设的电缆在每个支架上固定; 2)交流单芯电缆或分相后的每相电缆固定用的夹具和支架,不形成闭合铁磁回路; 3)电缆排列整齐,少交叉;当设计无要求时,电缆支持点间距,不大于表2-17的规定;

项　　目	内　　容
一般项目	4)当设计无要求时,电缆与管道的最小净距,应符合表 2-11 的规定,且敷设在易燃易爆气体管道和热力管道的下方; 5)敷设电缆的电缆沟和竖井,按设计要求位置,有防火隔堵措施。 (4)电缆的首端、末端和分支处应设标志牌

表 2-16　电缆支架层间最小允许距离　　　　　　　　　（单位:mm）

电缆种类	支架层间最小距离
控制电缆	120
10 kV 及以下电力电缆	150～200

表 2-17　电缆支持点间距　　　　　　　　　　　　（单位:mm）

电缆种类		敷设方式	
		水平	垂直
电力电缆	全塑型	400	1 000
	除全塑型外的电缆	800	1 500
控制电缆		800	1 000

二、标准的施工方法

1. 电缆沟内电缆敷设

电缆沟内电缆敷设标准的施工方法见表 2-18。

表 2-18　电缆沟内电缆敷设标准的施工方法

项　　目	内　　容
准备工作	(1)施工前应对电缆进行详细检查,规格、型号、截面、电压等级均应符合设计要求,外观无扭曲、损坏及漏油、渗油等现象。 (2)电缆敷设前进行绝缘摇测或耐压试验。 (3)放电缆机具的安装。采用机械放电缆时,应将机械选好适当位置安装,并将钢丝绳和滑轮安装好。人力放电缆时滚轮提前安装好。 (4)临时联络指挥系统的设置。 (5)根据现场实际情况,事先将电缆的排列,用表或图的方式画出来,以防电缆的交叉和混乱。 (6)冬季电缆敷设,温度达不到规范要求时,应将电缆提前加温。 (7)电缆沟内敷设前,土建专业已根据设计要求完成电缆沟及电缆支架的施工,电缆敷设在沟内壁的角钢支架上。 (8)敷设前应按设计和实际路径计算每根电缆的长度,合理安排每盘电缆,减少电缆接头。中间接头位置应避免设置在交叉路口、建筑物门口、与其他管线交叉处或通道狭窄处;在带电区域内敷设电缆,应有可靠的安全措施;采用机械敷设电缆时,牵引机和导向机构应调试完好

续上表

项 目	内 容
电缆敷设	(1)清除沟内杂物,在沟底铺 100 mm 厚的软砂或砂层,准备敷设电缆。 (2)电缆敷设可用人力牵引,也可用卷扬机或托撬(旱船法),敷设时,应注意电缆弯曲半径应符合《电气装置安装电缆线路施工及验收规范》(GB 50168—2006)的要求。 (3)电缆在沟内敷设应有适量的蛇形弯,电缆的两端、中间接头、电缆井内、过管处、垂直位差处均应留有适当的余度。 (4)电缆的埋深应符合下列要求:电缆表面距地面的距离不应小于 0.7 m,穿越农田或在车行道下敷设时不应小于 1 m,只有在引入建筑物、与地下建筑交叉绕过地下建筑物处,可埋浅些,但应采取保护措施。在寒冷地区,电缆应埋于冻土层以下,当无法埋设时,应采取保护措施。 (5)铁路、公路、城市街道、厂区道路敷设电缆时,应敷设在坚固的保护管内。电缆管的两侧伸出道路路基两边 0.5 m 以上,伸出排水沟 0.5 m。 (6)电缆之间,电缆与其他管道、道路、建筑物等之间的平行交叉时的最小距离,应符合表 2-19 的规定。严禁将电缆平行敷设于管道的上方或下方。特殊情况应按下列规定执行: 　1)电力电缆间及其与控制电缆间或不同使用部门的电缆间,当电缆穿管或用隔板隔开时,平行净距可降低为 0.1 m; 　2)电力电缆间、控制电缆间以及它们相互之间,不同使用部门的电缆间在交叉点前后 1 m 范围内,当电缆穿入管中或用隔板隔开时,其交叉净距可降低为 0.25 m; 　3)电缆与热管道(沟)、油管道(沟)、可燃气体及易燃液体管道(沟)、热力设备或其他管道(沟)之间,虽净距能满足要求,但检修管路可能伤及电缆时,在交叉点前后 1 m 范围内,尚应采取保护措施;当交叉净距不能满足要求时,应将电缆穿入管中,其净距可降低为 0.25 m; 　4)电缆与热管道(沟)及热力设备平行、交叉时,应采取隔热措施,使电缆周围土壤的温升不超过 10℃; 　5)当直流电缆与电气化铁路路轨平行、交叉其净距不能满足要求时,应采取防电化腐蚀措施; 　6)直埋电缆穿越城市街道、公路、铁路,或穿过有载重车辆通过的大门,进入建筑物的墙角处,进入隧道、人井,或从地下引出到地面时,应将电缆敷设在满足强度要求的管道内,并将管口封堵好; 　7)高电压等级的电缆宜敷设在低电压等级电缆的下面
铺砂盖砖	(1)电缆敷设完毕,应请建设单位及质量管理部门做隐蔽工程验收。 (2)隐蔽工程验收合格,电缆上下分别铺盖 100 mm 砂子或细土,然后用电缆盖板或砖将电缆盖好,覆盖宽度应超过电缆两侧 50 mm。使用电缆盖板时,盖板应指向受电方向
回填土	回填土前,应清理积水,进行一次隐蔽工程检查,合格后,应及时回填土,并进行夯实
埋标志桩	电缆回填土后,做好电缆记录,并应在电缆拐弯、接头、交叉、进出建筑物等处设置明显方位标志桩,直线段每隔 100 m 设标志桩,标志桩可以采用 C30 钢筋混凝土制作,并且标有"下面有电缆"字样。标志桩露出地面以 150 mm 为宜

项　目	内　容
管口防水处理	电缆进出建筑物处,进入室内的电缆管口低于室外地面者,对其电缆管口按设计要求或相应标准做防水处理
挂标志牌	(1)标志牌规格应一致,并有防腐性能,挂装应牢固。 (2)标志牌上应注明电缆编号、规格、型号及电压等级。 (3)直埋电缆进出建筑物、电缆井及两端应挂标志牌。 (4)沿支架桥架敷设电缆,在其两端、拐弯处、交叉处应挂标志牌,直线段应适当增加标志牌。

表 2-19　电缆之间,电缆与管道、道路、建筑物之间平行和
交叉时的最小净距　　　　　　(单位:mm)

项　目		最小净距	
		平行	交叉
电力电缆间及其与控制电缆间	10 kV 及以下	0.10	0.50
	10 kV 以上	0.25	0.50
控制电缆间		—	0.50
不同使用部门的电缆间		0.50	0.50
热管道(管沟)及热力设备		2.00	0.50
油管道(管沟)		1.00	0.50
可燃气体及易燃液体管道(沟)		1.00	0.50
其他管道(管沟)		0.50	0.50
铁路路轨		3.00	1.00
电气化铁路路轨	交流	3.00	1.00
	直流	10.0	1.00
公路		1.50	1.00
城市街道路面		1.00	0.70
杆基础(边线)		1.00	—
建筑物基础(边线)		0.60	—
排水沟		1.00	0.50

注:1. 电缆与公路平行的净距,当情况特殊时可酌减。

　　2. 当电缆穿管或者其他管道有保温层等防护设施时,表中净距应从管壁或防护设施的外壁算起。

　　3. 电缆穿管敷设时,与公路、街道路面、杆塔基础、建筑物基础、排水沟等的平行最小间距可按表中数据减半。

质量问题

电缆沟内积水、支(托)架安装不符合规定

质量问题表现

(1)敷设电缆沟内有水。

(2)电缆进户处有水渗漏进室内。

(3)电缆沟内支(托)架安装歪斜、松动、接地扁铁截面及焊接不符合要求。

(4)电缆支架间的距离不符合规定。

质量问题原因

(1)电缆沟内防水不佳或未作排水处理。

(2)穿外墙套管与外墙防水处理不当,造成室内进水。

(3)电缆沟内支(托)架未按工序要求进行放线确定固定点位置;安装固定支(托)架预埋或金属螺栓固定不牢;接地扁铁未按设计要求进行选择。

质量问题预防

电缆沟内电缆敷设方式较直埋式投资多,但检修方便,能容纳较多的电缆。在厂区的变、配电所中应用很广。在容易积水的地方,应考虑开挖排水沟。

(1)电缆沟应平整,且有0.1%的坡度。沟内要保持干燥,并能防止地下水浸入。沟内应设置适当数量的积水坑,及时将沟内积水排出,一般每隔50 m设一个,积水坑的尺寸以400 mm×400 mm×400 mm为宜。

(2)电缆沟内支(托)架安装应在技术交底中强调先弹线找好固定点;预埋件固定坐标应准确;使用金属膨胀螺栓固定时,要求螺栓固定位置正确,与墙体垂直,固定牢固;接地扁铁应正确选择截面,焊接安装应符合工艺要求。

(3)电缆进户穿越外墙套管时,特别对低于±0.000地面深处,应用油麻和沥青处理好套管与电缆之间的缝隙,以及套管边缘渗漏水的问题。

(4)室内电缆沟盖应与地面相平,对地面容易积水的地方,可用水泥砂浆将盖间的缝隙填实。室外电缆沟无覆盖时,盖板高出地面不小于100 mm,如图2-19(a)所示;覆盖层时,盖板在地面下300 mm,如图2-19(b)所示。盖板搭接应有防水措施。

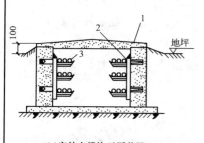
(a)室外电缆沟无覆盖层

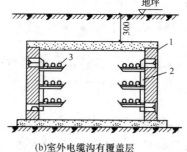
(b)室外电缆沟有覆盖层

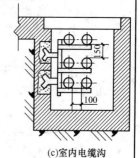
(c)室内电缆沟

图2-19 电缆沟敷设
1—接地线;2—支架;3—电缆

(5)电缆支架间的距离应按设计规定施工,当设计无规定时,则不应大于表2-17的规定值。

质量问题

电缆的首端、末端和分支处未设标志牌

质量问题表现

电缆出现交叉和混乱现象。

质量问题原因

施工人员对待工作态度不认真,缺乏施工经验。电缆的首端、末端和分支处未设标志牌。

质量问题预防

电缆铺设完后,再在电缆上面覆盖100 mm的砂或软土,然后盖上保护板(或砖),覆盖宽度应超出电缆两侧各50 mm。板与板连接处应紧靠。在覆土前沟内有积水时应抽干。覆盖土要分层夯实,最后清理场地,做好电缆走向记录,电力电缆在终端头与接头附近宜留有备用长度。电缆敷设时应排列整齐,不宜交叉,加以固定,并及时装设标志牌,安装方法如图2-20所示。

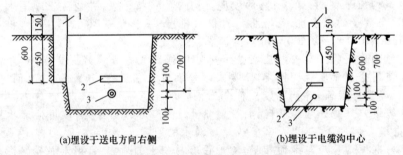

(a)埋设于送电方向右侧　　　　(b)埋设于电缆沟中心

图 2-20　直埋电缆标志牌的装设

1—电缆标志牌;2—保护板;3—电缆

(1)标志牌的装设应符合下列要求。

1)在电缆终端头、电缆接头、拐弯处、夹层内、隧道及竖井的两端、人井内等地方,电缆上应装设标志牌。

2)标志牌上应注明线路编号。当无编号时,应写明电缆型号、规格及起迄地点;并联使用的电缆应有顺序号。标志牌的字迹应清晰、不易脱落。

3)标志牌规格宜统一。

4)标志牌应能防腐,挂装应牢固。

(2)直埋电缆在直线段每隔50～100 m处、电缆接头处、转弯处、进入建筑物等处,应设置明显的方位标志或标桩。

(3)水底电缆敷设后,应做潜水检查,电缆应放平,河床起伏处电缆不得悬空,并测量电缆的确切位置。在两岸必须按设计设置标志牌。

(4)电缆终端上应有明显的相色标志,且应与系统的相位一致。

2. 电缆竖井内电缆敷设及绝缘刺线夹安装

电缆竖井内电缆敷设及绝缘刺线夹安装标准的施工方法见表2-20。

表 2-20 电缆竖井内电缆敷设及绝缘刺线夹安装标准的施工方法

项 目		内 容
电缆竖井内电缆敷设	准备工作	参见"电缆沟内电缆敷设"的相关内容
	电缆支架安装	(1)电缆在竖井内敷设,当设计无要求时,电缆支架最上层至竖井顶部或楼板的距离不小于150～200 mm;电缆支架最下层至地面的距离不小于50～100 mm。 (2)支架与预埋件焊接固定时,焊缝饱满,用膨胀螺栓固定时,选用螺栓适配,连接紧固,防松零件齐全,支架应横平竖直
	电缆敷设	(1)电缆在支架上敷设时,应按电压等级排列,高压在上面,低压在下面,控制电缆在最下面,如两侧装设电缆支架,则电力电缆与控制电缆应分别安装在沟的两侧。 (2)电缆敷设时,不应损坏电缆沟、隧道、电缆井和人井的防水层。三相四线制系统中应采用四芯电力电缆,不应采用三芯电缆另加一根单芯电缆或以导线、电缆金属护套作中性线。电缆各支持点间的距离应符合设计要求,当设计无要求时,不应大于表2-17的规定。 (3)电缆桥架上电缆敷设。 1)水平敷设。 ①电缆沿桥架或托盘敷设时,应将电缆单层敷设,排列整齐,首尾两端、转弯两侧及每隔5～10 m处设固定点。电缆不得有交叉,拐弯处应以最大截面电缆允许弯曲半径为准。 ②不同等级电压的电缆应分层敷设,高压电缆应敷设在最上层。同等级电压的电缆沿桥架敷设时,电缆水平净距不得小于电缆外径。 2)垂直敷设。 ①垂直敷设电缆时,有条件的最好自上而下敷设。在未拆起重机前,用起重机将电缆吊至楼层顶部;敷设前,选好位置,架好电缆盘,电缆的向下弯曲部位用滑轮支撑电缆,在电缆轴附近和部分楼层应设制动和防滑措施;敷设时,同截面电缆应先敷设低层,再敷设高层。 ②自下而上敷设时,低层、小截面电缆可用滑轮大绳人力牵引敷设。高层、大截面电缆宜用机械牵引敷设。 ③电缆穿楼板时,应装套管,敷设完成后应将套管用防火材料堵死。 (4)管内电缆敷设。 1)检查管道。金属管道严禁对焊连接;防爆导管不应采用倒扣连接,应采用防爆活结头,其接合面应紧密。管口平整光滑,无毛刺。检查管道内是否有杂物,敷设电缆前,应将杂物清理干净。 2)试牵引经过检查后的管道,可用一段(长约5 m)同样电缆做模拟牵引,然后观察电缆表面,检查磨损是否属于许可范围。 3)敷设电缆。 ①将电缆盘放在电缆人孔井口的外边,先用安装有电缆牵引头并涂有电缆润滑油的钢丝绳与电缆的一端连接,钢丝绳的另一端穿过电缆管道,拖拉电缆力量要均匀,检查电缆牵引工程中有无卡阻现象,如张力过大,应查明原因,问题解决后,继续牵引电缆。 ②电力电缆应单独穿入一根管孔内。同一管孔内可穿入3根控制电缆。三相或单相的交流单芯电缆不得单独穿于导磁性导管内

项 目		内 容
电缆竖井内电缆敷设	电缆固定	(1)垂直电缆敷设或大于45°角倾斜敷设的电缆在每个支架上固定。 (2)交流单芯电缆或分相后的每相电缆固定用的夹具和支架,不形成闭合铁磁回路。 (3)电缆排列整齐,少交叉;当设计无要求时,电缆支持点间距不应大于表2-17的规定。 (4)水平敷设的电缆,在电缆首末两端及转弯、电缆接头的两端处;当对电缆间距有要求时,每隔5~10 m处固定。单芯电缆的固定应符合设计要求
	敷设电缆的竖井	敷设电缆的竖井,按设计要求的位置,做好防火隔离
	敷设电缆的电缆管	敷设电缆的电缆管,按设计要求的位置,做好防火隔离措施
	电缆人孔井	电缆在管道内敷设时,为了抽拉电缆或做电缆连接,电缆管分支、拐弯处,均需安设电缆人孔井,按照规范的要求,电缆人孔井的距离直线部分每隔50~100 mm设置一个
	挂标志牌	(1)标志牌规格应一致,并有防腐性能,挂装应牢固。 (2)标志牌上应注明电缆编号、规格、型号及电压等级及起始位置。 (3)直埋电缆进出建筑物、电缆井及两端应挂标志牌。 (4)沿支架桥架敷设电缆,在其两端、拐弯处、交叉处应挂标志牌,直线段应适当增设标志牌
	绝缘穿刺线夹安装	(1)安装图严格按照华北标准图集《内线工程》(92DQ5)、住房和城乡建设部标准图集《电气竖井设备安装》(04D701)中有关穿刺线夹的实施规格要求安装(表2-21)。 (2)剥除多芯电缆的外护套时,严禁割伤线芯的绝缘层,万一损伤后应及时按照一般电缆绝缘补救规范处理,并接受绝缘测试。图2-21所示为绝缘穿刺线夹规格及安装示意图。 (3)外护套的剥除长度应不大于50倍的电缆直径,在安装方便的同时尽量减少剥除长度。 (4)单芯电缆的外护套也应剥除,但剥除长度稍大于穿刺线夹的宽度即可。 (5)外护套剥除后,应同时剪除裸露的电缆敷料,两端口用绝缘塑料胶带缠绕包裹,以不露出电缆内填充辅料为准。 (6)在多条电缆并行安装的井道内,多个穿刺线夹的安装位置应不在同一平面或立面,应保持3倍以上电缆外径的距离,错开安装位置,以减少堆积占用的安装体积,如图2-22所示,材料明细见表2-22。 (7)用13号和17号封闭扳手、眼镜扳手、套筒扳手紧固穿刺线夹的力矩螺母直至脱落。力矩螺母脱落前,严禁使用开口扳手、活动扳手、手虎钳等紧固力矩螺母,遇到较硬电缆绝缘皮时,可以用来适当紧固力矩螺母下的大螺母,以不压裂线夹壳体为准。

续上表

项 目	内 容
绝缘穿刺线夹安装	(8)紧固双力矩螺母的穿刺线夹时,对两个螺母应交替拧紧,尽量保持压力的平衡。 (9)支电缆应留有一定余量后剪截,但不应在井道桥架内盘卷。 (10)以电缆绝缘层的颜色或编号为准,严格检查与主支缆线对应后再拧紧穿刺线夹。 (11)支电缆应完全穿过线夹,并露出足够余量以套紧支线端帽。对有硬质支线堵端或端帽的穿刺线夹,应使支线完全触到端帽底面。 (12)选用穿刺线夹应满足电缆截面标称范围,在此前提下应选用较小型号的。 (13)电缆应夹在穿刺线夹的弧口中间位置,目测不得偏高。 (14)在潮湿的电缆井道内,要严格注意支线端口毛刺不许刺破端帽,在极端潮湿环境下,用热缩材料或塑料胶带包裹支线端头后,再戴紧端帽。 (15)不许用电工胶带缠绕包裹穿刺线夹,以便散热和检查。 (16)用一个穿刺线夹做电缆续接时,严禁其承受径向拉力。建议一个续接点使用两个穿刺线夹,以承受电缆径向拉力。注意:这时一个穿刺线夹要使用两个端帽。 (17)选用一个穿刺线夹做 U 形分支时,以两条分支的额定电流之和小于穿刺线夹的额定电流为准。 (18)铠装电缆安装穿刺线夹时,外护套剥除后,两端口用铜辫做等电位联结,其绝缘防潮处理参照国家或电力部门规范,分支处需要灌注绝缘防护胶时,应计算散热。 (19)原则上不许重复使用穿刺线夹,也就是不能安装力矩螺母已脱落的穿刺线夹。 (20)安装完穿刺线夹后又要调整电缆摆放位置时,要注意不能使穿刺线夹的紧固螺栓直接顶触电缆,如有直接顶触,应采取缠裹胶带或套戴胶帽等隔离措施,防止电缆电动力震动线夹螺栓戳破电缆绝缘层。 (21)分支电缆与主电缆等线径时,不用加装保护;相差系数很大时,原则上分支线长度超过 3 m 即要设保护;相差系数 0.35 以下时,8 m 内可不设保护,相差系数 0.55 以下时,11 m 内可不设保护;或参照相应标准经严谨论证后是否加装支线保护

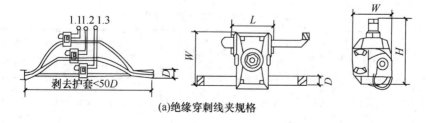

(a)绝缘穿刺线夹规格

图 2-21

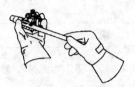

(1)把支线插入连接器盖套

(2)将线夹固定于主线连接处，然后用力将矩螺母拧紧

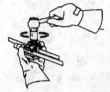

(3)根据力矩螺母的尺寸选择标准的六角套筒扳手，垂直拧紧力矩螺母直至脱落

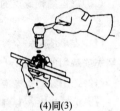

(4)同(3)

(b)绝缘穿刺线夹安装

图 2-21 绝缘穿刺线夹规格及安装示意

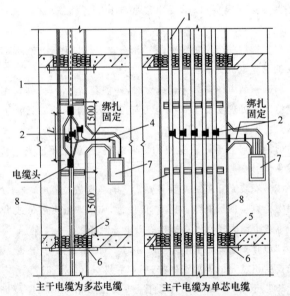

主干电缆为多芯电缆　　　主干电缆为单芯电缆

图 2-22 多个穿刺线夹在多条电缆并行安装的井道内安装示意图(单位:mm)

注:1. L 为电缆外护套剥除长度,建议 $L<50D(D$ 为电缆外径)。

2. 穿刺分支电缆安装时须严格按照生产厂家的使用说明予以施工。

表 2-21 绝缘体穿刺夹规格表

型号	主线(mm²)	支线(mm²)	额定电流(A)	外形尺寸 $L \times W \times H$
KZ—EP	16～95	1.5～10	86	27×41×62
KZ2—95	16～95	4～50	242	23×52×87
KZ3—95	25～95	25～95	377	52×61×100

续上表

型号	主线(mm²)	支线(mm²)	额定电流(A)	外形尺寸 L×W×H
DZ6	120~240	25~120	437	42×68×100
DR240	95~240	95~240	670	80×130×130

注:1. 主线、支线均无需剥去绝缘层。

2. 适用于同、异径导线连接。

3. 电缆剥去护套的两端应做好封闭处理,并进行固定。

4. 应具有国家认可机构的检验报告。

5. 适用于电气专用房间(电气竖井、配电室等)。

表 2-22 材料明细表

序号	名称	型号及规格	单位	备注
1	主干电缆	见工程设计	m	—
2	绝缘穿刺线夹	见工程设计	个	—
3	支持夹具	—	个	—
4	分支电缆	见工程设计	m	—
5	阻火包	FBQ—5	m²	—
6	防火隔板	BFX—7	块	—
7	配电(照明)箱	见工程设计	个	—
8	电缆桥架	见工程设计	m	—

质量问题

电力电缆不进行直流耐压试验就进行通电运行

质量问题表现

电压高出额定电压,配电箱被烧毁。

质量问题原因

没有进行直流耐压试验就进行通电,这样很难确保安全供电。

质量问题预防

(1)电力电缆直流耐压试验必须按现行国家标准《电气装置安装工程电气设备交接试验标准》(GB 50150—2006)规定进行交接试验。

质量问题

（2）直流耐压试验电压标准。纸绝缘电缆直流耐压试验电压应符合表 2-23 的规定，充油绝缘电缆直流耐压试验电压，应符合表 2-24 的规定。

表 2-23　纸绝缘电缆直流耐压试验电压标准　　　　　（单位：kV）

电缆额定电压 U_0/U	1.8/3	2.6/3	3.6/6	6/6	6/10	8.7/10	21/35	26/35
直流试验电压	12	17	24	30	40	47	105	130

注：表中的 U 为电缆额定线电压；U_0 为电缆导体对地或对金属屏蔽层间的额定电压。

表 2-24　充油绝缘电缆直流耐压试验电压标准　　　　　（单位：kV）

电缆额定电压 U_0/U	雷电冲击耐受电压	直流试验电压
48/66	325	165
	350	175
64/110	450	225
	550	275
127/220	850	425
	950	475
	1 050	510
200/330	1 175	585
	1 300	650
290/500	1 425	710
	1 550	775
	1 675	835

（3）试验方法。试验时，试验电压可分 4～6 阶段均匀升压，每阶段停留 1 min，并读取泄漏电流值。试验电压升至规定值后维持 15 min，其间读取 1 min 和 15 min 时泄漏电流。测量时应消除杂散电流的影响。

（4）不平衡系数规定。纸绝缘电缆泄漏电流的三个不平衡系数（最大值与最小值之比）不应大于 2；当 6/10 kV 及以上电缆的泄漏电流小于 20 μA 和 6 kV 及以下电压等级电缆泄漏电流小于 10 μA 时，其不平衡系数不作规定。泄漏电流值和不平衡系数只作为判断绝缘状况的参考，不作为是否能投入运行的判据。其他电缆泄漏电流值不作规定。

（5）泄漏电流规定。电缆泄漏电流具有下列情况之一者，电缆绝缘可能有缺陷，应找出缺陷部位，并进行处理。

1）泄漏电流很不稳定。

2）泄漏电流随电压升高急剧上升。

3）泄漏电流随试验时间延长有上升现象。

第四节 电线导管、电缆导管和线槽敷设

一、施工质量验收标准

电线导管、电缆导管和线槽敷设的质量验收标准见表 2-25。

表 2-25 电线导管、电缆导管和线槽敷设的质量验收标准

项 目	内 容
主控项目	(1)金属的导管和线槽必需接地(PE)或接零(PEN)可靠,并符合下列规定。 1)镀锌的钢导管、可挠性导管和金属线槽不得熔焊跨接接地线,以专用接地卡跨接的两卡间连线为铜芯软导线,截面积不小于 4 mm²。 2)当非镀锌钢导管采用螺纹连接时,连接处的两端焊跨接接地线;当镀锌钢导管采用螺纹连接时,连接处的两端用专用接地卡固定跨接接地线。 3)金属线槽不作设备的接地导体,当设计无要求时,金属线槽全长不少于 2 处与接地(PE)或接零(PEN)干线连接。 4)非镀锌金属线槽间连接板的两端跨接铜芯接地线,镀锌线槽间连接板的两端不跨接接地线,但连接板两端不少于 2 个有防松螺母或防松垫圈的连接固定螺栓。 (2)金属导管严禁对口熔焊连接;镀锌和壁厚小于等于 2 mm 的钢导管不得套管熔焊连接。 (3)防爆导管不应采用倒扣连接;当连接有困难时.应采用防爆活接头,其接合面应严密。 (4)当绝缘导管在砌体上剔槽埋设时,应采用强度等级不小于 M10 的水泥砂浆抹面保护,保护层厚度大于 15 mm
一般项目	(1)室外埋地敷设的电缆导管,埋深不应小于 0.7 m。壁厚小于等于 2 mm 的钢电线导管不应埋设于室外土壤内。 (2)室外导管的管口应设置在盒、箱内。在落地式配电箱内的管口,箱底无封板的,管口应高出基础面 50~80 mm。所有管口在穿入电线、电缆后应做密封处理。由箱式变电所或落地式配电箱引向建筑物的导管,建筑物一侧的导管管口应设在建筑物内。 (3)电缆导管的弯曲半径不应小于电缆最小允许弯曲半径,电缆最小允许弯曲半径应符合表 2-10 的规定。 (4)金属导管内外壁应做防腐处理;埋设于混凝土内的导管内壁应做防腐处理,外壁可不做防腐处理。 (5)室内进入落地式柜、台、箱、盘内的导管管口,应高出柜、台、箱、盘的基础面 50~80 mm。 (6)暗配的导管,埋设深度与建筑物、构筑物表面的距离不应小于15 mm;明配的导管应排列整齐,固定点间距均匀,安装牢固;在终端、弯头中点或柜、台、箱、盘等边缘的距离 150~500 mm 范围内设有管卡,中间直线段管卡间的最大距离应符合表 2-26 的规定。 (7)线槽应安装牢固,无扭曲变形,紧固件的螺母应在线槽外侧。 (8)防爆导管的敷设应符合下列规定:

续上表

项　目	内　容
一般项目	1)导管间及与灯具、开关、接线盒等的螺纹连接处应紧密牢固,除设计有特殊要求外,连接处不跨接接地线,在螺纹上涂以电力复合酯或导电性防锈酯; 　　2)安装牢固顺直,镀锌层锈蚀或剥落处做防腐处理。 　　(9)绝缘导管敷设的规定。 　　1)管口平整光滑;管与管、管与盒(箱)等器件采用插入法连接时,连接处结合面涂专用胶合剂,接口牢固密封。 　　2)直接埋于地下或楼板内的刚性绝缘导管,在穿出地面或楼板易受机械损伤的一段,采取保护措施。 　　3)当设计无要求时,埋设在墙内或混凝土内的绝缘导管,采用中型以上的导管。 　　4)沿建筑物、构筑物表面和在支架上敷设的刚性绝缘导管,按设计要求装设温度补偿装置。 　　(10)金属、非金属柔性导管敷设的规定。 　　1)刚性导管经柔性导管与电气设备、器具连接,柔性导管的长度在动力工程中不大于 0.8 m,在照明工程中不大于 1.2 m。 　　2)可挠金属管或其他柔性导管与刚性导管或电气设备、器具间的连接采用专用接头;复合型可挠金属管或其他柔性导管的连接处密封良好,防液覆盖层完整无损。 　　3)可挠性金属导管和金属柔性导管不能做接地(PE)或接零(PEN)的接续导体。 　　(11)导管和线槽,在建筑物变形缝处,应设补偿装置

表 2-26　管卡间最大距离

敷设方式	导管种类	导管直径(mm)				
		15～20	25～32	32～40	50～65	65 以上
		管卡间最大距离(m)				
支架或沿墙明敷	壁厚>2 mm 刚性钢导管	1.5	2.0	2.5	2.5	3.5
	壁厚≤2 mm 刚性钢导管	1.0	1.5	2.0	—	—
	刚性绝缘导管	1.0	1.5	1.5	2.0	2.0

二、标准的施工方法

电线导管、电缆导管和线槽敷设标准的施工方法见表 2-27。

表 2-27　电线导管、电缆导管和线槽敷设标准的施工方法

项　目	内　容
基本要求	(1)暗配的电线管路宜沿最近路线敷设并应减少弯曲;埋入墙或混凝土内的管,距砌体表面的净距不应小于 15 mm,消防管路不小于 30 mm。管与管之间的间隙不应小于 10 mm。 　　(2)埋入地下的电线管路不宜穿过设备基础,在穿过建筑物基础时,应加保护管。 　　(3)敷设于多尘和潮湿场所的电线管路、管口、管子连接处均应做密封处理。 　　(4)进入落地式配电箱的电线管路,排列应整齐,管口应高出基础面50～80 mm。

项 目	内 容
基本要求	（5）采用 JDG、KBG 电线导管时，使用专业工具及配套的连接件，套管连接处涂抹密封胶，保持电气导通性和连接处的严密性。防止施工时的砂浆和潮气进入管路中。 （6）弯曲管材弧度应均匀，焊缝应处于外侧，不应有褶皱、凹陷、裂纹、死弯的缺陷。管材弯扁程度不应大于管外径的 10%。 （7）敷设于垂直线管中的导线超过下列长度时，应在管口处或接线盒中加以固定，导线截面 50 mm² 以下为 30 m；导线截面 70～95 mm² 时为 20 m；导线截面 120～240 mm² 时为 18 m。电线管路与其他管路最小距离见表 2-28
预制加工	根据设计图，加工好各种盒、箱、管弯，钢管揻弯可采用冷揻法。 （1）冷揻法：管径为 20 mm 及以下时，用手扳揻管器。先将管子插入揻管器，逐步揻出所需弯度。管径为 25 mm 以上时，使用液压揻管器，即先将管子放入模具，然后扳动揻管器，揻出所需弯度。JDG、KBG 电线导管使用专用揻管器。 （2）管子切割：常用钢锯、无齿锯、砂轮锯进行切管，将需要切断的管子长度量准确，放在钳口内卡牢固，断处平齐，管口刮锉光滑，无毛刺，管内铁屑除净。 （3）管子套丝：采用套丝板、套丝机，根据管外径选择相应的板牙，将管子用台虎钳或龙门压架钳紧牢，再把绞板套在管端，均匀用力，不得过猛，随套随浇冷却液，套丝不乱、不过长，清除渣屑，螺纹干净清晰。管径 20 mm 以下时，应分二板套成；管径在 25 mm 及以上时，应分三板套成
测定盒、箱位置	根据设计图确定盒、箱轴线位置，以土建弹出的水平线为基准，挂线找平，线坠找正，标出盒、箱实际尺寸位置
稳注盒、箱	灰浆应饱满，牢固平整，坐标正确。现浇混凝土板墙固定盒、箱加支铁固定，盒、箱底距外墙面小于 30 mm 时应加金属网固定后再抹灰，防止空裂。稳注灯头盒，现浇混凝土楼板，将盒子堵好随底板钢筋固定，管路配合好后，随土建浇灌混凝土施工同时完成。预制板开灯位洞时，找好位置后用尖錾子由下往上剔，洞大小比灯头盒外口略大 10～20 mm，灯头盒焊好卡铁，用混凝土稳注好，并用托板托牢，混凝土凝固后，即可拆除托板
管路连接	（1）管路连接采用管路螺纹的连接方法。套丝不得有乱扣现象，管箍必须使用通丝管箍。上好管箍后，管口应对严，外露丝应不多于 2 扣。 （2）套管连接宜用于暗配管，套管长度为连接管径的 2.2 倍，连接管口的对口处应在套管的中心，焊口应焊接牢固严密，焊角大于 360°。 （3）套接紧定式钢导管、套接紧定式旋压型钢导管，其管连接件应使用厂家提供的配套产品。 1）套接紧定式钢导管管路连接的紧定螺钉，应采用专用工具操作，旋紧至螺母脱落，不应敲打、切断、折断螺母，如图 2-23 所示。 2）套接紧定式旋压型钢导管连接时，将导管与螺纹接头插紧定位，再用专用扳手将锁钮旋转 90°，即锁钮外露端的平面与接头平面垂直，导管与螺纹接头连成一体即可将导管与接线盒连成一体，如图 2-24 所示。 3）套接紧定式有螺纹紧定型钢导管紧钉螺钉拧到位折断后，紧定螺钉不能再次使用，如图 2-25 所示。

项　目	内　　容
管路连接	4)管与管的连接。 ①镀锌和壁厚小于等于 2 mm 的钢导管,必须用螺纹连接、紧定连接、卡套连接等,不得套管焊接连接,严禁对口熔焊连接。管口锉光滑平整,接头应牢固紧密。 ②管路超过下列长度,应加装接线盒,其位置应合理,便于穿线。无弯时,30 m;有1 个弯时,20 m;有 2 个弯时,15 m;有 3 个弯时,8 m。不允许有 4 个弯以上的弯曲
暗管敷设	(1)随墙(砌体)配管:砖墙、加气混凝土墙、空心砖墙配合砌墙立管时,管最好置于墙中心,管口向上者要堵好。为使盒子平整,标高准确,可将管先立至距盒200 mm 左右处,然后将盒子稳好,再接短管。短管入盒、箱端不可套丝,可用跨接地线焊接牢固,管口与盒、箱里口平齐。向上引管有吊顶时,管上端应搣成 90°角弯进吊顶内,由顶板向下引管不宜过长,待砌隔墙时,先稳盒后接短管。 (2)模板混凝土墙配管,可将盒、箱固定在该墙的钢筋上(如有内保温墙,应计算出内保温墙的厚度,使盒、箱口与内墙平齐),接着敷管。每隔 1 m 左右,用钢丝绑扎牢。管进盒、箱要搣灯叉弯,如图 2-26 所示。 (3)现浇混凝土楼板配管,应测好灯位,根据房间四周墙的厚度,弹出十字线,将堵好的盒子固定牢,然后敷管。有两个以上盒子时,要拉直线。管进盒长度要适宜,管路每隔 1 m 左右用钢丝绑扎牢,如有吊扇、花灯或超过 3 kg 的灯具应焊好吊钩。 (4)素土内配管可用混凝土砂浆保护。应减少接头,管箍螺纹连接处抹铅油、缠麻拧牢
变形缝处理	(1)变形缝处理的做法:变形缝两侧各预埋一个接线箱,先把管的一端固定在接线箱上,另一侧接线箱底部的垂直方向开长孔,其孔径的长宽度尺寸不小于被接入管直径的 2 倍。两侧连接好补偿跨接地线,如图 2-27 所示。 (2)普通接线箱在地板上、下部做法一式如图 2-28 所示,箱体底口距离地面不小于 300 mm,管路弯曲 90°角后,管进箱应加内外锁紧螺母。在板下部时,接线箱距顶板距离应不小于 150 mm。 (3)普通接线箱在地板上、下部做法二式如图 2-29 所示,采用直筒式接线箱,做法与一式基本相同
地线连接	(1)管路应做整体接地连接,穿过建筑物变形缝时,应有接地补偿装置,如采用跨接方法连接,焊接、跨接地线两端双面焊接,焊接面不得小于该跨接线截面的 6 倍,焊缝均匀牢固,焊接处要清除药皮,刷防腐漆。跨接线的规格见表 2-29。 (2)卡接、镀锌钢管、JDG、KBG 钢管及可挠金属管,应用专用接地线卡连接,不得采用熔焊连接
明管敷设	(1)管弯、支架、吊架预制加工:明配管弯曲半径一般不小于管外径的 6 倍,如有一个弯时,可不小于管外径的 4 倍。加工方法可采用冷搣和热搣法,支架、吊架的规格设计无规定时,扁铁支架不应小于 30 mm×3 mm。角钢支架不应小于25 mm×25 mm×3 mm。埋注支架应有燕尾,埋注深度不应小于 120 mm。 (2)测定盒、箱及固定点位置。 1)根据设计图首先测出盒、箱与出线口等的准确位置。 2)根据测定的盒、箱位置,把管路的垂直、水平走向弹出线,按照安装标准规定的固定点间距尺寸要求,计算确定支架、吊架的具体位置。 3)固定点的距离应均匀,管卡与终端、转弯中点、电气器具或接线盒边缘的距离为 150～500 mm,中间的管卡最大距离见表 2-26。

续上表

项　目	内　容
明管敷设	4)盒、箱固定,由地面引出管路至盘、箱,应在盘、箱下侧 100～150 mm 处加稳固支架,将管固定在支架上。盒、箱安装应牢固平整,开孔整齐,与管径吻合,一管一孔。铁质盒、箱严禁用电气焊开孔。 　(3)管路敷设时管路应畅通、顺直,内侧无毛刺,镀锌层完整无损。敷设管路时,先将管长一端的螺钉拧进一半,然后将管敷设在内,逐个拧牢。使用支架时,可将钢管固定在支架上,不应将钢管焊接在其他管道上。水平或垂直敷设明配管,允许偏差为管路在 2 m 以内时,偏差为 3 mm,全长不应超过管子内径的1/2。 　(4)钢管与设备连接:应将钢管敷设到设备内,如不能直接敷设时应按下列要求进行。 　1)干燥室内,可在钢管出口处加一接线盒,过渡为柔性保护软管引入设备。 　2)室外或潮湿房间内,可在管口处装设防水弯头。由防水弯头引出的导线应加柔性保护软管,经防水弯成滴水弧引入设备。 　3)管口距地面高度不宜低于 200 mm。 　(5)柔性金属软管引入设备应符合以下要求: 　1)刚性导管经柔性导管与电气设备、器具连接,柔性导管的长度在动力工程中不大于 0.8 m,照明工程中不大于 1.2 m; 　2)金属软管用管卡固定,其固定间距不应大于 1 m; 　3)金属柔性导管不能做接地或接零的连续导体。 　(6)变形缝处理,管路应做整体接地连接,穿过变形缝时应有接地补偿装置采用跨接方法。明配管跨接线应美观牢固
线槽安装	(1)线槽应平整,无扭曲变形,内壁无毛刺,各种附件齐全。 　(2)线槽的接口应平整,接缝处应紧密平直。槽盖装上后应平整,无翘角,出线口的位置准确。 　(3)在吊顶内敷设时,如果吊顶无法上人时应留有检修孔。 　(4)不允许将穿过墙壁的线槽与墙上的孔洞一起抹死。 　(5)线槽的所有非导电部分的铁件均应相互连接和跨接,使之成为一连续导体,并做好整体接地。 　(6)线槽经过建筑物的变形缝(伸缩缝、沉降缝)时,线槽本身应断开,槽内用内连接板搭接,不需固定。保护地线和槽内导线应留有补偿余量。 　(7)敷设在竖井、吊顶、通道、夹层及设备层等处的线槽应符合《高层民用建筑设计防火规范》(GB 50045—1995)的有关规定

表 2-28　配线与管道间最小距离

管道名称		配线方式	
		穿管配线	绝缘导线明配线
		最小距离(mm)	
蒸汽管	平行	1 000(500)	1 000(500)
	交叉	300	300
暖、热水管	平行	300(200)	300(200)
	交叉	100	100

续上表

管道名称		配线方式	
		穿管配线	绝缘导线明配线
		最小距离(mm)	
通风、上下水压缩空气管	平行	100	200
	交叉	50	100

注:表内有括号者为管道下边的数据。

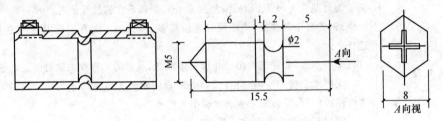

图 2-23　套接紧定式钢导管管路连接的紧定螺钉(单位:mm)

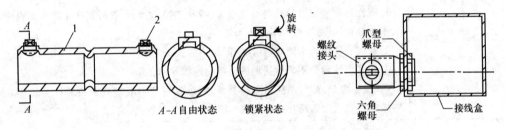

图 2-24　套接紧定式旋压型钢导管连接
1—连接套管;2—双点锁紧旋钮

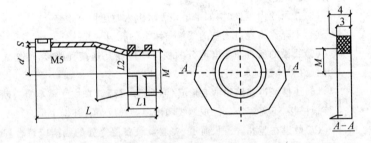

图 2-25　螺纹接头、爪型螺母图(单位:mm)

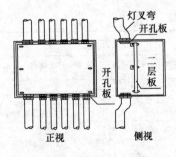

图 2-26　管路进盒、箱

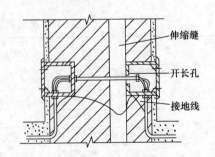

图 2-27　管路变形缝处理的做法

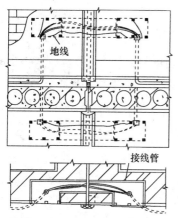

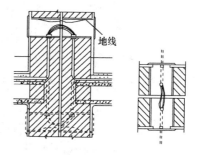

图 2-28 普通接线箱在地板上、下部一式做法　　　图 2-29 普通接线箱在地板上、下部二式做法

表 2-29 跨接线的规格表

管径（mm）	圆钢（mm）	扁钢（mm）
15～25	$\phi 5$	—
32～28	$\phi 6$	—
50～63	$\phi 10$	25×3
≥70	$\phi 8 \times 2$	(25×3)×2

质量问题

镀锌和薄壁钢导管采用熔焊连接，使镀锌管易腐蚀

质量问题表现

镀锌钢管内外表面的镀锌层被破坏；薄壁管熔化、内部结瘤。

质量问题原因

施工人员不懂施工验收规范和技术操作规程，缺乏有效的质量监督。镀锌钢管采用熔焊连接，破坏内外表面的镀锌层，虽然外表面可以用刷油漆补救，但内表面无法刷漆，使镀锌管容易生锈腐蚀，缩短使用寿命；薄壁管采用熔焊连接，使薄壁管容易熔化烧漏成洞，内部结瘤，影响穿线。

质量问题预防

钢管与钢管的连接有螺纹连接、套管连接和焊接连接。镀锌钢管和薄壁钢管应用螺纹连接或套管紧定螺钉连接，不应采用熔焊连接。

（1）螺纹连接。钢管与钢管间用螺纹连接时，管端螺纹长度不应小于管接头的1/2；连接后，螺纹宜外露2～3扣。螺纹表面应光滑、无缺损。螺纹连接应使用全扣管接头，连接管端部套丝，两管拧进管接头长度不可小于管接头长度的1/2，使两管端之间吻合。

质量问题

（2）套管连接。套管连接也叫焊接连接，钢管与钢管间用套管连接时，套管长度宜为管外径的 1.5～3 倍，管与管的对口处应位于套管的中心。套管采用焊接连接时，焊缝应牢固严密。使用套管连接时，套管可购成品，也可用大一级管径的管加工车制。套管内径与连接管外径应吻合，套管长度为连接管外径 D 的 1.5～3 倍，对口处应在套管中心，套管周边采用焊接应牢固严密，如图 2-30 所示。

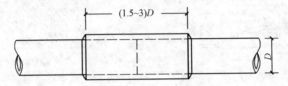

图 2-30　钢管套管连接

当没有合适管径做套管时，也可将较大管径的套管顺向冲开一条缝隙，将套管缝隙处用手锤击打对严做套管。施工中严禁不同管径的管直接套接连接。

（3）对口焊接。暗配黑色钢管管径在 $\phi80$ 及其以上时，使用套管连接较困难时，也可将两连接管端打喇叭口再进行管与管之间采取对口焊的方法进行焊接连接。钢管直接采用对口焊接，容易在对口处管口内壁形成尖锐的毛刺，穿线时要破坏导线的绝缘层，造成无法通电和危及人身安全的后果，给日后维修更换导线带来较大的困难。

钢管在采取打喇叭口对口焊时，在焊接前应除去管口毛刺，用气焊加热连接管端部，边加热边用手锤沿管内周边，逐点均匀向外敲打出喇叭口，再把两管喇叭口对齐，两连接管应在同一条管子轴线上，周围焊严密，应保证对口处管内光滑，无焊渣。

质量问题

导管和线槽在建筑物变形缝处未设补偿装置

质量问题表现

导管和导线发生切断。

质量问题原因

设计人员缺乏施工经验，对规范不熟悉。导管和线槽在建筑物变形缝未设补偿装置，建筑物沉缝发生位移时，不能保证供电安全可靠。

质量问题预防

（1）管路在通过建筑物的变形缝时，应加装管路补偿装置。管路补偿装置是在变形缝的两侧对称分别预埋一个接线盒，用一根短管将两接线盒相邻面连接起来，短管的一

质量问题

端与一个盒子固定牢固,另一端伸入另一盒内,且此盒上的相应位置要开长孔,长孔的长度不小于管径的2倍,这样当建筑物发生变形时,此短管端可有些活动的余量,如图2-31所示。

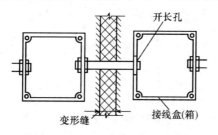

图 2-31　过变形缝接线盒做法

(2)如果补偿装置在同一轴线墙体上,可用拐角箱作为补偿装置,如不在同一轴线上,则可用直筒式接线箱进行补偿。

(3)由于硬塑料管的热膨胀系数较大,约为钢管的5～7倍,所以当线管较长时,每隔30 m,要装设一个温度补偿装置(在支架上架空敷设除外),如图2-32所示。

图 2-32　硬塑料管温度补偿盒

(4)钢管通过建筑物伸缩缝(沉降缝)的做法。钢管通过建筑物的伸缩缝(沉降缝)时的做法如图2-33所示。拉线箱的长度一般为管径的8倍。当管子数量较多时,拉线箱高度应加大。

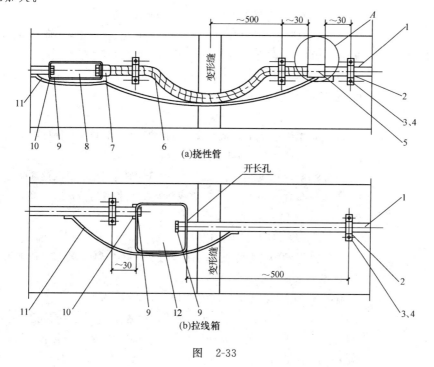

图　2-33

质量问题

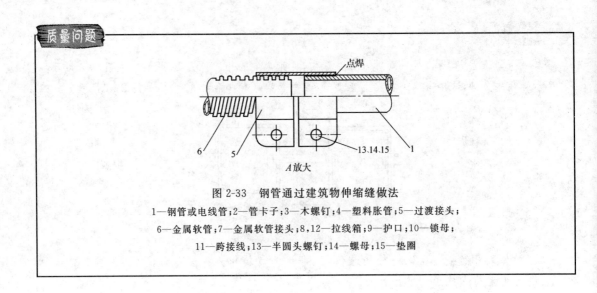

图 2-33　钢管通过建筑物伸缩缝做法
1—钢管或电线管；2—管卡子；3—木螺钉；4—塑料胀管；5—过渡接头；
6—金属软管；7—金属软管接头；8,12—拉线箱；9—护口；10—锁母；
11—跨接线；13—半圆头螺钉；14—螺母；15—垫圈

第五节　电线、电缆穿管和线槽敷线

一、施工质量验收标准

电线、电缆穿管和线槽敷设的质量验收标准见表 2-30。

表 2-30　电线、电缆穿管和线槽敷设的质量验收标准

项　目	内　容
主控项目	(1)三相或单相的交流单芯电线，不得单独穿于钢导管内。 (2)不同回路、不同电压等级和交流与直流的电线，不应穿于同一导管内；同一交流回路的电线应穿于同一金属导管内，且管内电线不得有接头。 (3)爆炸危险环境照明线路的电线和电缆额定电压不得低于 750 V，且电线必须穿于钢导管内
一般项目	(1)电线、电缆穿管前，应清除管内杂物和积水。管口应有保护措施，不进入接线盒(箱)的垂直管口穿入电线、电缆后，管口应密封。 (2)当采用多相供电时，同一建筑物、构筑物的电线绝缘层颜色选择应一致，即保护地线(PE 线)应是黄绿相间色，零线用淡蓝色；相线用，A 相——黄色，B 相——绿色，C 相——红色。 (3)线槽敷线应符合下列规定。 1)电线在线槽内有一定余量，不得有接头。电线按回路编号分段绑扎，绑扎点间距不应大于 2 m。 2)同一回路的相线和零线，敷设于同一金属线槽内。 3)同一电源的不同回路无抗干扰要求的线路可敷设于同一线槽内；敷设于同一线槽内有抗干扰要求的线路用隔板隔离，或采用屏蔽电线且将屏蔽护套的一端接地

二、标准的施工方法

电线、电缆穿管和线槽敷设标准的施工方法见表 2-31。

表 2-31　电线、电缆穿管和线槽敷设标准的施工方法

项　目	内　容
选择导线	(1)应根据设计图纸规定选择导线。 (2)相线、零线及保护地线的颜色应区分,按图标黄绿双色线为保护接地,淡蓝色为工作零线,红、蓝、绿色为相线,开关回火线宜使用白色
清扫管路	(1)清扫管路的目的是清除管道中的灰尘、泥水等杂物。 (2)清扫管路的方法:将布条的两端牢固地绑扎在带线上,两人来回拉动带线,将管内杂物清净
穿带线	(1)穿带线的同时,也检查了管路是否畅通,管路的走向及箱的位置是否符合设计及施工图纸的要求。 (2)穿带线的方法:带线一般采用 $\phi1.2 \sim \phi2.0$ 的钢丝。先将钢丝的一端弯成不封口的圆圈,用穿线器将带线穿入管路内,在管路的两端应留 $100 \sim 150$ mm 的余量。 (3)在管路较长或转弯较多时,也可以在敷设管路的同时将带线一并穿好。 (4)穿带线受阻时,应用两根钢丝同时搅动,使两根钢丝的端头互相钩绞在一起,然后将带线拉出
放线及断线	(1)放线:放线前应根据施工图对导线的规格、型号、电压等级进行核对。 (2)放线时,导线置于放线架或放线车上。 (3)断线:剪断导线时按以下情况考虑,接线盒、开关盒、插销盒及灯头盒内导线的长度为150 mm。配电箱内导线的预留长度为配电箱体周长的1/2。出户导线的预留长度为1.5 m。公用导线在分支处,可不剪断导线而直接穿过
导线与带线的绑扎	(1)当导线根数较少时,如 $2 \sim 3$ 根导线,将导线前端的绝缘层削去,然后将线芯插入带线的盘圈内并折回压实,绑扎牢固。使绑扎处形成平滑的锥形过渡部位。 (2)当导线根数较多或较大截面积时,将导线前端的绝缘层削去,将线芯斜错排列在带线上,用绑线缠绕绑扎牢固,使绑扎接头形成一个平滑的锥形过渡部位,便于穿线
管内穿线	(1)管路穿线前,首先检查各管口的护口是否齐整,如有遗漏或损坏应补齐和更换。 (2)当管路较长或转弯较多时,要在穿线的同时往管内吹入适量的滑石粉,起到润滑作用便于穿线。 (3)穿线时应两人配合协调一拉一送。 (4)穿线时应注意如下问题。 1)同一交流回路的导线必须穿于同一管内。 2)不同回路、不同电压的交流与直流的导线,不得穿入同一管内,但特殊情况除外。 3)导线在变形缝处,补偿装置应活动自如。导线应留有一定余量。 4)铺设于垂直管路中的导线,当超过下列长度时应在管口处和接线盒中加以固定。截面积在 50 mm^2 及以下的导线 30 m 时。截面积在 $70 \sim 95$ mm^2 的导线 20 m 时。截面积在 $180 \sim 240$ mm^2 之间的导线 18 m 时。

续上表

项　目	内　容
管内穿线	5)穿入管内的绝缘导线,不准有接头,局部绝缘破损及死弯导线外径总截面积不应超过管内面积的 40%
导线连接	(1)导线接头不能增加电阻值。 (2)受力导线不能降低原机械强度。 (3)不能降低原绝缘强度。在导线做接线时,必须先削绝缘层,去掉氧化膜再进行连接,而后加焊,包缠绝缘
铜导线焊接	由于导线的线径及敷设场所不同,故焊接的方法也不同。 (1)电烙铁加焊。适用于线径较小的导线连接及用其他工具焊接困难的场所,导线连接处加焊剂,用电烙铁进行锡焊。 (2)喷灯或电炉子加热。将焊锡放在锡锅内,用喷灯或电炉子加热焊锡熔化后进行焊接。加热时要掌握好温度,温度过高涮锡不饱满,温度过低涮锡不均匀,应掌握好适当的温度进行焊接。焊接后必须用布将焊接的焊剂及其他污物擦净。 (3)电阻加热焊。用于接头较大、用锡锅不方便的场所。将接头理好加上焊剂,用电阻焊机的两电阻板夹住焊接点,打开电源待焊点温度达到后,将焊锡熔于焊接点
导线包扎	先用黏性塑料带,从导线接头始端的绝缘层开始,缠绕 1~2 个绝缘带宽度,再以半幅宽度重叠进行缠绕。在包扎过程中尽可能拉紧绝缘带。最后在绝缘层上绕上 1~2 圈后,再回缠。然后用黑胶布包扎,包扎时衔接好,以半幅宽度压边进行缠绕,同时在包扎过程中拉紧胶布,导线接头端处用黑胶布封严密
线槽内配线	(1)放线。 1)放线方法:先将导线抻直、捋顺,盘成大圈或放在放线架(车)上,从始端到终端(先干线,后支线)边放边整理,不应出现挤压背扣、扭结、损伤导线等现象。每个分支应绑扎成束,绑扎时应采用尼龙绑扎带,不允许使用金属导线进行绑扎。 2)地面线槽放线:利用带线从出线一端到另一端,将导线放开、抻直、捋顺,削去端部绝缘层,并做好标记,再把芯线绑扎在带线上,然后从另一端抽出即可。放线时应逐段进行。 (2)导线连接。 导线连接的目的是使连接处的接触电阻最小,机械强度和绝缘强度均不降低。连接时应正确区分相线、中性线、保护地线

质量问题

接头处绝缘包扎不符合要求

质量问题表现

运行时,接头处绝缘带松脱、接触不良。

质量问题

质量问题原因

施工人员缺乏施工经验，对规范要求不熟悉。绝缘包扎时，绝缘带松散，包扎不严密，接头处连接不牢固，并产生松脱，造成运行时接触不良，甚至熔断。

质量问题预防

缠包绝缘带必须掌握正确的方法，才能包扎严密。缠绕时采用斜叠法，使每圈压叠带宽的半幅，第一层绕完后，再在另一斜叠方向缠绕第二层，绝缘层缠绕厚度应与原绝缘层一样。绝缘带应从完好的绝缘层包起，先裹如1~2个绝缘带的带幅宽度，开始包扎，在包扎过程中应尽可能地收紧绝缘带。直线段接头时，最好在绝缘层上包缠1~2圈，再进行回缠。绝缘包扎导线绝缘带包缠应均匀紧密，不应低于导线原绝缘层的绝缘强度。在接线端子的根部与导线绝缘层间的空隙处，应用绝缘带包缠紧密。在包扎绝缘带前，应先检查连接处是否伤及线芯，是否有毛刺，有毛刺必须用细砂布打平。

（1）用高压绝缘布包缠时，应将其接长2倍进行包缠，半叠压半包扎，并应注意清洁，否则无黏性。

（2）包扎低压黑胶布时，应将（已包扎的高压胶布）起端压在里面，终止端回缠2~3圈压在上边。

（3）采用黏性塑料绝缘胶布时，应半叠缠不少于2层。当黑胶布包缠时，要绑接好，应利用黑胶布的黏性紧密地封住两端口，防止连接处氧化。

（4）并接头绝缘包扎时，包缠到端部时应再多缠1~2圈，然后从此处折回，反缠压在黑面，应紧密封住端部，如图2-34所示。

另外，还要注意绝缘带的始端不能露在外面，终了端应再反向包扎2~3回，防止松散，中部应多扎1~2层，使包扎完的形状呈枣核形，如图2-35所示。

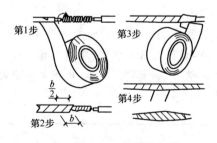

图2-34　并接头包扎

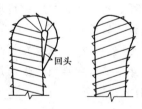

(a)第一次包扎　(b)第二次包扎

图2-35　直接接头绝缘包扎

管内穿线方法不当

质量问题表现

(1)穿线方法不当,使导线搭压弯结小弯或死弯,又称死扣或背扣,损坏绝缘层,严重时将会使导线损伤或断裂。

(2)先穿线,后戴护口,或者根本不戴护口。造成导线绝缘层被烧坏,运行时易发生事故。

(3)穿线过程中弄脏已经油漆、粉刷好的墙面和顶板(棚)。

(4)相线未进开关(电门),且未接在螺口灯头的舌簧上。

(5)选择导线截面过小,导致超负荷运行,导线绝缘层烧焦或导线(金属)熔断,引发停电和重大火灾事故。

质量问题原因

(1)施工人员对规范要求不熟悉,缺乏施工经验。

(2)穿线前放线时,将整盘线往外抽拉,引起螺旋形圈集中,出现背扣。

(3)导线任意在地面上拖拉而被弄脏;操作人员手脏,穿线时蹭摸墙面、顶棚,穿完线后箱盒附近被弄脏。

(4)相线和零线因使用同一颜色的导线,不易区别,而且在断线、留头时,没有严格做出记号,以致相线和零线混淆不清、相线未进开关、未接在螺丝灯头的舌簧上。

质量问题预防

(1)提高电工操作水平,按电工标准要求进行培训,合格后上岗。

(2)穿线前应严格戴好护口,管口无螺纹的可戴塑料护口;放线时,应用放线架或放线车。将整盘导线放在线盘上,并在线盘上做出记号,自然转动线轴放出导线,就不会出现螺圈,可以防止背扣和电线拖地弄脏。

(3)为了保证相线、零线不混淆,可采用不同颜色的塑料线。最好一个单位工程,零线统一用黑色和绿色,或者在放线轴上做出记号,以保证做到相线、零线严格区分。

(4)穿在管内的绝缘导线应严格按设计图纸选择,其型号、规格、截面必须满足设计和施工验收规范要求。

第六节　槽板配线工程

一、施工质量验收标准

槽板配线工程的质量验收标准见表2-32。

表 2-32　槽板配线工程的质量验收标准

项　目	内　容
主控项目	(1)槽板内电线无接头,电线连接设在器具处;槽板与各种器具连接时,电线应留有余量,器具底座应压住槽板端部。 (2)槽板敷设应紧贴建筑物表面,且横平竖直、固定可靠,严禁用木楔固定;木槽板应经阻燃处理,塑料槽板表面应有阻燃标志
一般项目	(1)木槽板无劈裂,塑料槽板无扭曲变形。槽板底板固定点间距应小于 500 mm,槽板盖板固定点间距应小于 300 mm,底板距终端 50 mm 和盖板距终端 30 mm 处应固定。 (2)槽板的底板接口与盖板接口应错开 20 mm,盖板在直线段和 90°转角处应成45°角斜口对接,T 形分支处应成三角叉接,盖板应无翘角,接口应严密整齐。 (3)槽板穿过梁、墙和楼板处应有保护套管,跨越建筑物变形缝处槽板应设补偿装置,且与槽板结合严密

二、标准的施工方法

槽板配线工程标准的施工方法见表 2-33。

表 2-33　槽板配线工程标准的施工方法

项　目	内　容
弹线定位	(1)槽板配线在穿过楼板或墙壁时,应用保护管,而且穿楼板处必须用钢管保护,其保护高度距地面不应低于 1.8 m;可将装设开关的地方可引至开关的位置。 (2)过变形缝时应做补偿处理。 (3)按设计图确定进户线、盒、箱等电气器具固定点的位置,从始端至终端(先干线后支线)找好水平线或垂直线,用粉线带在线路中心弹线,分均固定点,用笔做出标记,经检查正确后,在固定点位置进行钻孔,埋入塑料胀管或伞形螺栓。弹线时不应污染建筑物表面
线槽固定	(1)塑料胀管固定线槽。 1)混凝土墙、砖墙可采用塑料胀管固定塑料线槽。根据胀管直径和长度选择钻头,在标出的固定点位置上钻孔,不应歪斜、豁口,应垂直钻好孔后,将孔内残存的杂物清净,用木锤把塑料胀管垂直敲入孔中,并与建筑物表面齐平为准,再用石膏将缝隙填实抹平。用半圆头木螺钉加垫圈将线槽的底板固定在塑料胀管上,紧贴建筑物表面。 2)安装时应先固定两端,再固定中间,同时找正线槽的底板,要横平竖直,并沿建筑物表面进行敷设。 3)线槽安装用塑料胀管的固定如图 2-36 所示。木螺钉的规格尺寸见表 2-34。 (2)伞形螺栓固定线槽。在石膏板墙或其他护墙板上,可用伞形螺栓固定塑料线槽,根据弹线定位的标记,找出固定点位置,把线槽的底板横平竖直地紧贴建筑物表面,钻好孔后将伞形螺栓的两伞叶捏紧合拢插入孔中,待合拢伞叶自行张开后,再用螺母紧固即可,露出线槽的部分应加套塑料管,固定线槽时,应先固定线槽两端再固定中间。伞形螺栓安装做法如图 2-37 所示,伞形螺栓的构造如图 2-38 所示

续上表

项　目	内　容
线槽连接	线槽及附件连接应严密平整,无缝隙,紧贴建筑物,固定点最大间距应符合表2-35的规定。 　　(1)槽底和槽盖直线段对接。槽底固定点的间距应不小于500 mm,盖板应不小于300 mm,底板距离终点50 mm及盖板距离终端点30 mm均应固定。三线槽的槽底应用双钉固定。槽底对接缝与槽盖对接缝应错开并不小于100 mm。 　　(2)线槽分支接头、线槽附件的对接。线槽分支接头、线槽附件,如直通、三通转角、接头、插口、盒、箱应采用同材质的定型产品。槽底、槽盖与各种附件相对接时,接缝处应严实平整,固定牢固(图2-39)。 　　(3)线槽各种附件安装要求。 　　1)盒子均应两点固定,各种附件角、转角、三通等固定点不应少于两点(卡装式除外)。 　　2)接线盒、灯头盒应采用相应插口连接。 　　3)线槽终端应采用端头封堵。 　　4)在线路分支接头处应采用相应的接线箱。 　　5)安装铝合金装饰板时,应牢固、平整、严实
槽内放线	(1)清扫线槽。放线前,先用布清除槽内的污物,使线槽内外清洁。 　　(2)放线。 　　1)把导线放开伸直,捋顺后盘成大圈,置于放线架上,从始端到终端(先干线后支线)边放边整理,导线应顺直,不得有挤压、背扣、扭结和受损等现象。绑扎导线时应采用尼龙绑扎带,不允许采用金属丝进行绑扎。 　　2)在接线盒处的导线预留长度不应超过150 mm。线槽内不允许出现接头,导线接头应放在接线盒内;从室外引进室内的导线在进入墙内一段用橡胶绝缘导线,严禁使用塑料绝缘导线。 　　3)穿墙金属保护管应有接地保护措施,其外侧应有防水措施
导线连接	(1)导线连接应使连接处的接触电阻值最小,机械强度不降低,并恢复其原有的绝缘强度。 　　(2)连接时,应正确区分相线(L)、零线(PEN)、保护地线(PE)。可采用绝缘导线的颜色(黄、绿、红、淡蓝、黄绿双色)区分,或采用仪表进行测试对号并编号,检查正确后方可连接

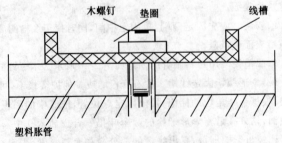

图 2-36　塑料胀管固定图

表 2-34 木螺钉规格尺寸　　　　　　　　（单位：mm）

序号	标号	公称直径 d	螺杆直径 d	螺杆长度 L
1	7	4	3.81	12～70
2	8	4	4.7	12～70
3	9	4.5	4.52	16～85
4	10	5	4.88	18～100
5	12	5	5.59	18～100
6	14	6	6.30	25～100
7	16	6	7.01	25～100
8	18	8	7.72	40～100
9	20	8	8.43	40～100
10	24	10	9.86	70～120

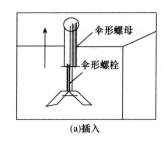

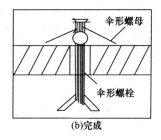

图 2-37　伞形螺栓安装做法

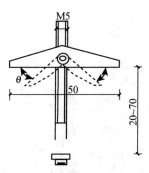

图 2-38　伞形螺栓构造（单位：mm）

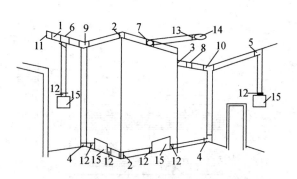

图 2-39　VXC 塑料线槽明敷安装示意图

1—槽板；2—阳角；3—阴角；4—直转角；5—平转角；

6—平三通；7—顶三通；8—连接头；9—右三通；

10—左三通；11—终端头；12—接线盒插头；

13—灯头盒插口；14—灯头盒；15—接线盒

表 2-35　槽板固定点最大距离

固定点形式	板槽宽度（mm）		
	20～40	60	80～120
中心单列	800	—	—
双列	—	1 000	—
双列	—	—	800

质量问题

槽板盖板、底板固定和连接方法不对

质量问题表现

底板出现松动和翘边。

质量问题原因

施工人员施工不严,不了解施工规范,缺乏施工经验。槽板盖板、底板接口做法不对,采用直接连接,致使底板、盖板接口不严,缝隙过大、底边固定不牢。

质量问题预防

(1)槽板布线要先固定槽板底板,槽板要根据不同的建筑结构及装饰材料,采用不同的固定方法,如图 2-40 所示。

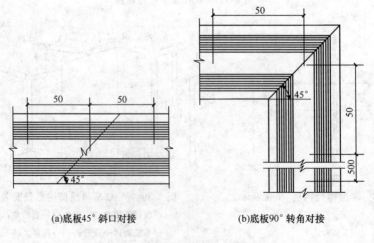

(a)底板45°斜口对接　　　　(b)底板90°转角对接

图 2-40　槽板底板的固定(单位:mm)

质量问题

(2)盖板两端固定点,距离盖板的端部应为 30 mm,中间固定点应小于 300 mm。盖板固定螺栓,应沿底板的中心线布置,注意对中、放直,不应损伤线槽内的导线。三线槽的盖板应用双螺栓钉固定,双螺栓应相互平行。盖板顺向固定的木螺栓应在同一条直线上,但木螺栓顶部的开口朝向应一致。木槽板的盖板与底板之间应使用木螺栓固定。使用钉子固定盖板不便线路的检修,不宜提倡。塑料槽板布线固定盖板的方法与木槽板盖的固定方法不同,塑料槽板盖板的固定与导线同时进行。塑料盖板与底板的一侧相咬合后,向下轻轻一按,另一侧盖板与底槽即可咬合,盖板上无须再用螺栓固定。

(3)槽板连接。

1)槽板对接。对接时底板和盖板均应锯成 45°角以斜口相接。拼接要紧密,底板的线槽要对正。盖板与底板的接口应错开,且错开距离不小于 20 mm。

2)拐角连接。把两根槽板端部各锯成 45°斜口,并把拐角处线槽内侧削成圆弧状,以免碰伤电线绝缘。

3)分支拼接。在拼接点上把底板的筋铲平,使导线在线槽中无阻碍地通过。

第七节 钢索配线工程

一、施工质量验收标准

钢索配线工程的质量验收标准见表 2-36。

表 2-36 钢索配线工程的质量验收标准

项 目	内 容
主控项目	(1)应采用镀锌钢索,不应采和含油芯的钢索。钢索的钢丝直径应小于 0.5 mm,钢索不应有扭曲和断股等缺陷。 (2)钢索的终端拉环埋件应牢固可靠,钢索与终端拉环套接处应采用心形环,固定钢索的线卡不应少于 2 个,钢索端头应用镀锌铁线绑扎紧密,且应接地(PE)或接零(PEN)可靠。 (3)当钢索长度在 50 m 及以下时,应在钢索一端装设花篮螺栓紧固;当钢索长度大于 50 m 时,应在钢索两端装设花篮螺栓紧固
一般项目	(1)钢索中间吊架间距不应大于 12 m,吊架与钢索连接处的吊钩深度不应小于 20 mm,并应有防止钢索跳出的锁定零件。 (2)电线和灯具在钢索上安装后,钢索应承受全部负载,且钢索表面应整洁、无锈蚀。 (3)钢索配线的零件间和线间距离应符合表 2-37 的规定

表 2-37 钢索配线的零件间和线间距离

配线类别	支持件之间最大距离(mm)	支持点(mm)
金属管	1 500	200

配线类别	支持件之间最大距离(mm)	支持点(mm)
刚性绝缘导管	1 000	150
塑料护套线	200	100

二、标准的施工方法

钢索配线工程标准的施工方法见表 2-38。

表 2-38　钢索配线工程标准的施工方法

项　目	内　容
预制加工件	(1)加工预制件,其尺寸不应小于 120 mm×60 mm×6 mm;焊在铁件上的锚固筋的直径不应小于 8 mm,其尾部要弯成燕尾状。 (2)根据设计图的要求尺寸,加工预留孔洞的框架、抱箍、支架、吊架、吊钩、耳环、固定卡子等镀锌铁件。非镀锌铁件应先除锈再刷防锈漆。 (3)将金属导管调直、切断、洗口、套丝、撤弯,为管路连接做好准备。 (4)塑料管进行撤弯、断管,为管路连接做好准备。 (5)采用镀锌钢绞线或圆钢作为钢索时,应按实际所需长度剪断,擦去表面的油污,预先将其拉直,以减少其伸长率
预埋件及预留孔洞	应根据设计图标注的尺寸位置,在土建结构施工时将预埋件固定好,并配合土建准确地将孔洞预留好
弹线定位	根据设计图确定出固定点的位置;弹出粉线,均匀分出间距,并用色漆做出明显标记
固定支架	将已加工好的抱箍支架固定在结构上,将心形环套套在耳环和花篮螺栓上,用于吊装钢索。固定好的支架可作为线路的始端、中点和终端
组装钢索	(1)将预先抻好的钢索一端穿入耳环,并折回穿入心形环,再用两只钢索卡固定两道。为了防止钢索尾端松散,可用钢丝将其绑紧。 (2)将花篮螺栓两端的螺杆均旋进螺母,使其保持最大距离,以备继续调整钢索的松紧度。 (3)将绑在钢索两端的钢丝拆去,将钢索穿过花篮螺栓和耳环,折回后嵌进心形环,再用两只钢索卡固定两道。 (4)将钢索与花篮螺栓同时拉起,并钩住另一端的耳环,然后用大绳把钢索收紧,由中间开始,把钢索固定在钓钩上。调节花篮螺栓的螺杆,使钢索的松紧度符合要求。 (5)钢索的长度在 50 m 以下时,允许只在一端装设花篮螺栓;长度超过50 m时,两端均应装设花篮螺栓;长度每增加 50 m 应加装一个中间花篮螺栓
安装保护地线	钢索就位后,在钢索的一端必须装有明显的保护地线,每个花篮螺栓处均应做好跨接地线。金属管路装成接地系统时,钢索可不装设接地保护
钢索吊装金属管	(1)根据设计要求选择金属管、三通及五通专用明配接线盒与相应规格的吊卡。 (2)在吊装管路时,应按照先干线后支线进行,把加工好的管子从始端到终端按顺序连接起来,与接线盒连接的螺纹应该拧紧牢固,管进盒内露出的螺纹不得超过

续上表

项　目	内　容
钢索吊装金属管	两扣。吊卡的间距应符合《建筑电气工程施工质量验收规范》(GB 50303—2002)的要求。每个灯头盒均应用两个吊卡固定在钢索上。 　　(3)双管并行吊装时,可将两个吊卡对接起来的方式进行吊装,管与钢索应在同一平面内。 　　(4)吊装完毕后应做整体的接地保护,接线盒的两端应有跨接地线(扣压薄壁管和紧定管除外);镀锌钢管采用专用接地卡子连接保护地线
钢索吊装刚性绝缘导管	(1)根据设计要求选择绝缘管、专用明配接线盒及灯头盒、管子接头与吊卡。 　　(2)管路的吊装方法同于金属管的吊装,管进入接线盒及灯头盒时,可以采用专用管接头连接,两管对接可用管箍黏结法。 　　(3)吊卡应固定平整,吊卡间距应均匀
钢索吊瓷柱(珠)	(1)根据设计图,在钢索上准确地量出灯位、吊卡的位置及固定卡子之间的距离,要用色漆做出明显标记。 　　(2)应对自制加工的二线式扁钢吊架和四线式扁钢吊架进行调平、找正、打孔,然后再将瓷柱(珠)垂直平整,牢固地固定在吊架上。 　　(3)将上好瓷柱(珠)的吊架,按照已确定的位置用螺钉固定在钢索上。钢索上的吊架不应有歪斜和松动现象。 　　(4)终端吊架与固定卡子之间必须用镀锌拉线连接牢固。 　　(5)瓷柱(珠)及支架的安装。 　　1)瓷柱(珠)用吊架或支架安装时,一般应使用不小于∟3 mm×30 mm×3 mm的角钢或使用-40 mm×4 mm的扁钢。 　　2)瓷柱(珠)固定在望板上时,望板的厚度不应小于20 mm。 　　3)瓷柱(珠)配线时,其支持点间距及导线的允许距离应符合表2-39的规定。 　　4)瓷柱(珠)配线时,导线至建筑物的最小距离应符合表2-40的规定。 　　5)瓷柱(珠)配线时,其绝缘导线距地面最低距离应符合表2-41的规定
钢索吊护套线	(1)根据设计图,在钢索上量出灯位及固定点的位置。将护套线按段剪断,调直后放在放线架上。 　　(2)敷设时应从钢索的一端开始,放线时应先将导线理顺,同时用铝卡子在标出固定点的位置上将护套线固定在钢索上,直至终端。 　　(3)在接线盒两端100~150 mm处应加卡子固定,盒内导线应留有适当余量。 　　(4)灯具为吊链时,从接线盒至灯头的导线应依次编叉在吊链内,导线应不受力
钢索吊装金属管(塑料管)穿线	管内穿线:干线导线可直接逐盒通过,分支导线的接头可设在接线盒或器具内,导线不得外露
钢索安装	在墙上安装钢索的如图2-41所示。 　　钢索在其他结构上安装方式如图2-42、图2-43所示。其中 H、L 值按建筑物实际尺寸确定。B 值按钢索直径确定。 　　钢索中间固定点的间距不应大于12 m;中间吊钩宜使用圆钢,其直径不小于8 mm;吊钩的深度不应小于20 mm。 　　钢索配线敷设后的弛度不应大于100 mm,如不能达到时,应增加中间吊钩

项　目		内　容
钢索吊装绝缘子配线	钢索吊装的安装	(1)按要求找好灯位,组装好绝缘子的扁钢吊架,如图 2-44 所示,固定卡子,按量好的间距固定在点上。在终端处,扁钢吊架与固定卡子之间,用镀锌钢丝拉紧;扁钢吊架必须安装垂直、牢固,间距均匀。扁钢厚度不应小于 1.0 mm,吊架间距应不大于 1.5 m,吊架与灯头盒的最大间距为 100 mm,导线间距应不小于 35 mm。 (2)将导线放开抻直,准备好绑线后,由一端开始将导线绑牢,另一端拉紧绑扎后,再绑扎中间各支持钢索吊装绝缘子配线,组装后如图 2-45 所示
	钢索吊装管配线	(1)按要求找好灯位,装上吊灯头盒卡子,如图 2-46 所示,再装上扁钢吊卡,如图 2-47 所示,然后开始敷设配管。扁钢吊卡的安装应垂直、牢固、间距均匀;扁钢厚度应不小于 1.0 mm。对于钢管配线,吊卡距灯头盒距离应不大于 200 mm,吊卡之间距离不大于 1.5 m;对塑料管配线,吊卡距灯头盒不大于 150 mm,吊卡之间距离不大于 1 m。线间最小距离 1 mm。 (2)从电源侧开始,量好每段管长,加工(断管、套扣、撤弯等)完毕后,装好灯头盒,如图 2-48 所示,再将配管逐段固定在扁钢吊卡上,并做好整体接地(在灯头盒两端的钢管,要用跨接地线焊牢)。当在钢索上吊装硬塑料管配线时,灯头盒应用塑料灯头盒。钢索吊装管配线的组装如图 2-49 所示。图中 L:钢管 1.5 m,塑料管 1.0 m
	钢索吊装塑料护套线	(1)按要求找好灯位,将塑料接线盒及接线盒的安装钢板吊装到钢索上,如图 2-50 所示。 (2)均分线卡间距,在钢索上做出标记。线卡最大间距为 200 mm;线卡距灯头盒间的最大距离为 100 mm,间距应均匀。 (3)测量出两灯具间的距离,将护套线按段剪断(要留出适当余量),然后盘成盘。 (4)敷线从一端开始,一只手托线,另一只手用线卡将护套线平行吊于钢索上。护套线应紧贴钢索,无垂度、缝隙、扭劲、弯曲、损伤。安装好的钢索吊装塑料护套线,如图 2-51 所示

表 2-39　支持点间距及线间的允许距离

导线截面 (mm²)	瓷柱(珠) 型号	支持点间 最大允许 距离(mm)	线间最小允许 距离(mm)	线路分支、转角处至 开关、灯具等处支持 点间距离(mm)	导线边线 对建筑物最小 水平距离(mm)
1.5～4	G38 (296)	1 500	50	100	60
6～10	G50 (294)	1 500	50	100	60

表 2-40　导线至建筑物的最小距离

序号	导线敷设方式	最小间距(mm)
1	水平敷设的垂直距离,距阳台、平台上方及跨越屋顶	2 500

续上表

序号	导线敷设方式	最小间距（mm）
2	在窗户上方	200
3	在窗户下方	800
4	垂直敷设时至阳台的水平间距	600
5	导线距墙壁、构架的间距（挑檐除外）	35

表 2-41　导线距地面的最小距离

导线敷设方式		最小距离（mm）
导线水平敷设	室内	2 500
	室外	2 700
导线垂直敷设	室内	1 800
	室外	2 700

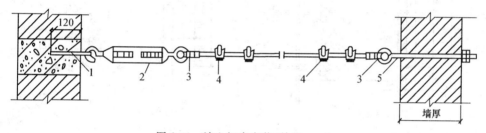

图 2-41　墙上钢索安装（单位：mm）

1—耳环；2—花篮螺栓；3—心形环；4—钢丝绳扎头；5—耳环

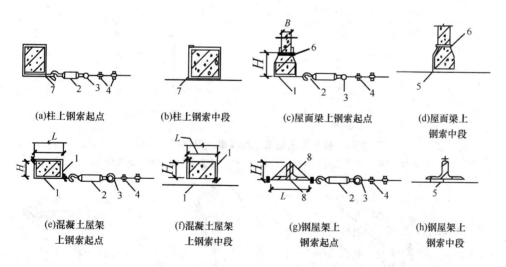

(a)柱上钢索起点　　(b)柱上钢索中段　　(c)屋面梁上钢索起点　　(d)屋面梁上钢索中段

(e)混凝土屋架上钢索起点　　(f)混凝土屋架上钢索中段　　(g)钢屋架上钢索起点　　(h)钢屋架上钢索中段

图 2-42　柱和屋架上钢索的安装

1—扁钢支架；2—花篮螺栓；3—心形环；4—钢丝绳扎头；5—吊钩；

6—固定螺栓；7—角钢支架；8—扁钢抱箍

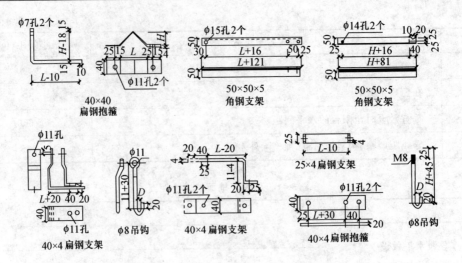

图 2-43　柱和屋架上钢索配线用加工件(单位:mm)

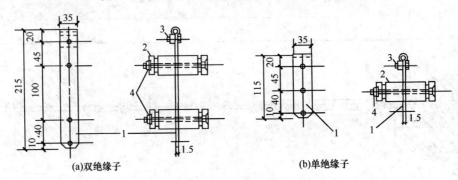

(a)双绝缘子　　(b)单绝缘子

图 2-44　扁钢吊架(单位:mm)

1—扁钢支架;2—绝缘子;3—固定螺栓(M5);4—绝缘子螺栓

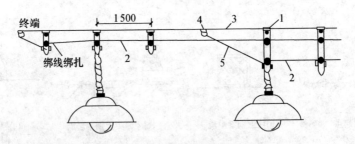

图 2-45　钢索吊装绝缘子配线组装图(单位:mm)

1—扁钢吊架;2—绝缘导线;3—钢索;4—固定卡子;5—φ3.2 mm 镀锌钢丝

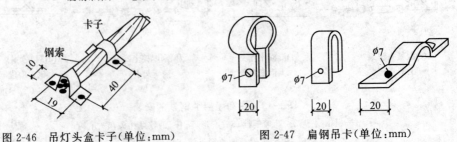

图 2-46　吊灯头盒卡子(单位:mm)　　　　图 2-47　扁钢吊卡(单位:mm)

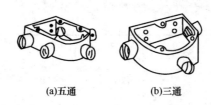

(a)五通　　　　　(b)三通

图 2-48　铁制灯头盒

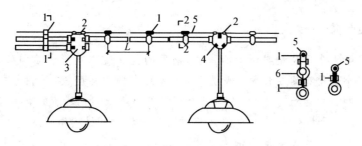

图 2-49　钢索吊装管配线组装图

1—扁钢吊卡；2—吊灯头盒卡子；3—五通灯头盒；4—三通灯头盒；5—钢索；6—钢管或塑料管

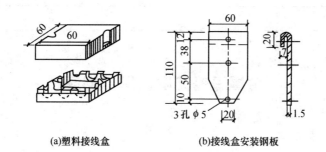

(a)塑料接线盒　　　　　(b)接线盒安装钢板

图 2-50　钢索吊装塑料护套线的接线盒及安装用钢板(单位：mm)

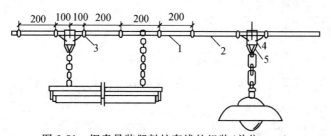

图 2-51　钢索吊装塑料护套线的组装(单位：mm)

1—塑料护套线；2—钢索；3—铝线卡；4—塑料接线盒；5—接线盒安装钢板

质量问题

钢索安装时,花篮螺栓使用不当

质量问题表现

钢索摆动幅度大。

质量问题原因

施工人员疏忽大意,对规范要求不了解。花篮螺栓用于拉紧钢索,调整钢索弧垂,如果选用不当,不但达不到使用要求,还容易造成重大事故。

质量问题预防

钢索的弛度大小影响钢索所受的张力,钢索的弛度是靠花篮螺栓调整的,花篮螺栓调整弧垂值大小会使钢索超过允许受力值,太大钢索摆动幅度大,不利于在其上固定的线路和灯具等的正常运行。此外,因为其自由振荡频率与同一场所的其他建筑设备的运转频率相同,会产生共振现象,所以应调整适当弧垂值。如果钢索长度过大,仅靠一个花篮螺栓不易调整好钢索的弛度。钢索长度在50 m及以下时,可在一端装花篮螺栓;超过50 m时,两端均应装花篮螺栓;每超过50 m时应增加一个中间花篮螺栓。

金属导管防腐做得不彻底

质量问题表现

管子内壁未进行除锈刷漆,揻弯及焊接处刷防腐油有遗漏,焦渣层内敷管未用水泥砂浆保护,土层内敷管混凝土保护层做得不彻底。

质量问题原因

(1)对金属线管除锈刷漆的目的和部位不明确。

(2)对金属线管暗敷于焦渣层或土壤中的施工方法和技术要求不了解。

质量问题预防

为了防止金属线管经久生锈,在配管前,应对管子内、外壁进行除锈涂漆。但埋设在混凝土中的线管,其外表面不要涂漆,否则将会影响混凝土的结构强度。埋地线的各焊接处应涂漆。直接埋在土壤内的金属线管,管壁厚度须是3 mm以上的厚壁钢管,并将管壁四周浇筑在素混凝土保护层内。浇筑时,一定要用混凝土预制块或钢筋楔将管子垫起,使管子四周至少有50 mm厚的混凝土保护层,如图2-52所示。金属管埋在焦渣层内时必须做水泥砂浆保护层。

(1)明配管线防腐。明配管施工应在管线丝接部位的线头处做好防腐,以免管线锈蚀,其支、吊架,也应事先做好防腐再进行安装,并在安装完毕后对其丝扣或受损部位再涮防腐漆,补做防腐。

质量问题

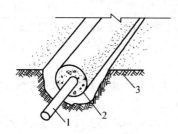

图 2-52　埋地线管混凝土保护层
1—线管；2—凝土保护层；3—土层

（2）暗配管路防腐。管路敷设完毕，跨接地线焊接完毕后，需根据管线敷设的环境，对管线进行适当的防腐处理。设计有特殊要求时按设计要求执行，如设计无特殊要求，一般情况为：

1）暗配于混凝土中的管线可不作防腐；

2）在各种砖墙内敷设的管路，应在跨接地线的焊接部位，丝接管线的外露丝部位及焊接钢管的焊接部位，刷防腐漆；

3）焦渣层内的管路应在管线周围打 50 mm 的混凝土保护层进行保护，如图 2-53 所示；

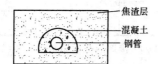

焦渣层
混凝土
钢管

图 2-53　焦渣层内管线保护

4）直埋入土壤中的钢管也需用混凝土保护，如不用混凝土保护，可刷墙漆进行保护；

5）埋入有腐蚀性或潮湿土壤中的管线，如为镀锌管丝接，应在丝头处抹铅油缠麻，然后再拧紧丝头。如为非镀锌管件，应涮沥青油后缠麻，然后再刷一道沥青油。

第八节　电缆头制作

一、施工质量验收标准

电缆头制作的质量验收标准见表 2-42。

表 2-42　电缆头制作的质量验收标准

项　目	内　容
主控项目	（1）高压电力电缆直流耐压试验必须按《建筑电气工程施工质量验收规范》（GB 50303—2002）的规定交接试验合格。 （2）低压电线和电缆、线间和线对地间的绝缘电阻值必须大于0.5 MΩ。 （3）铠装电力电缆头的接地线应采用铜绞线或镀锡铜编织线，截面积不应小于表2-43 的规定。 （4）电线、电缆接线必须准确，并联运行电线或电缆的型号、规格、长度、相位应一致

项　目	内　容
一般项目	（1）芯线与电器设备的连接应符合的规定。 1）截面积在 10 mm² 及以下的单股铜芯线和单股铝芯线直接与设备、器具的端子连接。 2）截面积在 2.5 mm² 及以下的多股铜芯线拧紧搪锡或接续端子后与设备、器具的端子连接。 3）截面积大于 2.5 mm² 的多股铜芯线，除设备自带插接式端子外，接续端子后与设备或器具的端子连接；多股铜芯线与插接式端子连接前，端部拧紧搪锡。 4）多股铝芯线接续端子后与设备、器具的端子连接。 5）每个设备和器具的端子接线不多于 2 根电线。 （2）电线、电缆的芯线连接金具（连接管和端子）、规格应与芯线的规格适配，且不得采用开口端子。 （3）电线、电缆的回路标记应清晰，编号准确

表 2-43　电缆芯线和接地线截面积　　　　　（单位：mm²）

电缆芯线截面积	接地线截面积
120 及以下	16
150 及以上	25

注：电缆芯线截面积在 16 mm² 及以下，接地线截面积与电缆芯线截面积相等。

二、标准的施工方法

1. 10 kV 交联聚乙烯绝缘电缆户内外热缩终端头制作

10 kV 交联聚乙烯绝缘电缆户内热缩终端头制作标准的施工方法见表 2-44。

表 2-44　10 kV 交联聚乙烯绝缘电缆户内热缩终端头制作标准的施工方法

项　目	内　容
设备器件检查	开箱检查实物是否符合装箱单上的数量，质量外观有无异常现象，按操作程序摆放在大瓷盘中
电缆的绝缘摇测	将电缆两端封头打开，用 2 500 V 摇表，测试合格后方可转入下道工序
剥除电缆护套	剥除电缆护套，如图 2-54 所示。 （1）剥外护层：用卡子将电缆垂直固定。从电缆端头量取 750 mm（户内电缆头量取 500 mm）剥去外护套。 （2）剥铠装：从外护套压断口量取 30 mm 铠装，用钢丝绑后，其余剥去。 （3）剥内垫层：从铠装断口量取 20 mm 内垫层，其余剥去。然后摘去填充物，分开线芯
焊接地线	用编织铜线做电缆钢带屏蔽引出接地线。先将编织铜线拆开分成三份，重新编织分别绕各相，用电烙铁焊锡焊接在屏蔽铜带上。用砂布打光钢带焊接处，用铜丝绑扎后和钢铠焊牢。在密封处的地线用锡填满编织线，形成防潮段，如图 2-55 所示
包绕填充胶，固定三叉手套	（1）包绕填充胶，用电缆填充胶填充并包绕三芯分支处，使外观呈橄榄状。绕包密封时，先清洁电缆护套表面和电缆芯线。密封胶的绕包直径应大于电缆外径约 15 mm，将地线也包在其中，如图 2-56 所示。

续上表

项　目	内　容
包绕填充胶,固定三叉手套	(2)固定三叉手套,将手套套入三叉根部,然后用喷灯加热收缩固定。加热时,从手套的根部依次向两端收缩固定。 (3)热缩材料加热收缩时应注意以下几方面。 1)宜使用丙烷喷灯,加热收缩温度为 110℃～120℃。 2)调节喷灯火焰为黄色柔和火焰,不应是高温蓝色火焰,以避免烧伤热缩材料。 3)开始加热材料时,火焰应慢慢接近材料,在材料周围均匀加热,不断晃动,火焰与轴线夹角约 45°,缓慢向前推进,并保持火焰朝前的前进方向。 4)火焰应螺旋状前进,保证管子沿周围方向均匀收缩。收缩完毕的热缩管应光滑、无褶皱、无气泡。热缩后,清除在其表面残留的痕迹
剥铜屏蔽层和半导电层	剥铜屏蔽层和半导电层,由手套指端量取 55 mm 铜屏蔽层,其余剥去。从铜屏蔽层端量取 20 mm 半导电层,其余剥去
制作应力锥	用酒精将电缆芯线擦拭干净后,按图 2-57 的要求进行操作
固定应力管	用清洁剂清理铜屏蔽层、半导电层、绝缘表面,确保表面无碳迹。然后,三相分别套入应力管,搭接通屏蔽层 20 mm,从应力管下端开始自下而上加热收缩固定,避免应力管与芯线绝缘之间留有空隙
压接端子	先确定引线长度,按端子孔深加 5 mm,剥除线芯绝缘,端部剥成"铅笔头状"。压接端子,表面应清洁,用填充胶填充端子与绝缘之间的间隙及接线端子的表面压坑,并搭接绝缘层和端子各 10 mm,使其平滑
固定绝缘管	清洁绝缘管、应力管和指套表面后,用填充胶带包绕应力管端部与线芯之间的阶梯,使之成为平滑的锥形过渡面,再用密封胶带包绕分支套指端两层。套入绝缘管至三叉根部,管上端超出填充胶 10 mm。由根部由下至上加热收缩固定
固定相色密封管	切去多余长度的绝缘管,线芯与绝缘末端齐,将相色密封管套在端子接管部位,先预热端子,由上端加热固定。户内电缆头制作完成
固定防雨裙(户外)	(1)固定三孔防雨裙,将三孔防雨裙按图尺寸套入,然后加热颈部固定,如图 2-58 所示。 (2)固定单孔防雨裙,按图尺寸套入单孔防雨裙,加热颈部固定
固定密封管	将密封管套在端子接管部位,先预热端子,由上端起加热固定
固定相色管	将相色管分别套在密封管上,加热固定,户外电缆头制作完成
送电试运行、验收	(1)试验。电缆头制作完成后,按要求进行试验。 (2)验收。送电空载运行 24 h 无异常现象,办理验收手续移交建设单位使用。同时,移交施工记录、产品说明书、合格证、试验报告和运行记录等技术文件

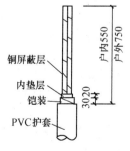

图 2-54　剥除电缆护套(单位:mm)

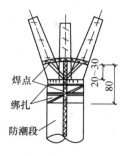

图 2-55　焊接地线(单位:mm)

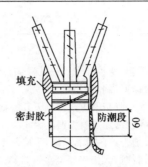

图 2-56 包绕填充胶,固定三叉手套(单位:mm)

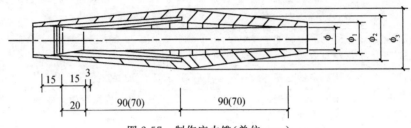

图 2-57 制作应力锥(单位:mm)

ϕ—电缆线芯绝缘外径;ϕ_1—增绕绝缘外径,$\phi_1 = \phi + 16$(mm);ϕ_2—应力锥屏蔽外径(mm),$\phi_2 = \phi + 12$(mm);

ϕ_3—应力锥总外径,$\phi_3 = \phi_2 + 4$(mm)

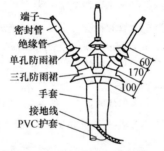

图 2-58 固定防雨裙(单位:mm)

2. 10 kV 交联聚乙烯绝缘电缆热缩接头制作

10 kV 交联聚乙烯绝缘电缆热缩接头制作标准的施工方法见表 2-45。

表 2-45 10 kV 交联聚乙烯绝缘电缆热缩接头制作标准的施工方法

项　　目	内　　容
设备器件检查	开箱检查实物是否符合装箱单上的数量。检查质量以及外观有无异常现象
剥除电缆护层	(1)调直电缆:将电缆留适当角度后放平,在待连接的两根电缆端部的 2 m 处分别调直,擦干净,重叠 200 mm,在中部做中心标线,作为接头中心,如图2-59所示。 (2)外护层及铠装:从中心标线开始在两根电缆上分别量取 800 mm、500 mm,剥除外层,距断口 50 mm 的铠装上用铜丝绑扎三圈或用铠装带卡好,用钢锯沿铜丝绑扎处或卡子边缘锯一圈,深度为钢锯带厚度 1/2,再用螺丝刀将钢锯带撬起,然后用克丝钳夹紧,将钢锯带剥除。 (3)剥内护层:从铠装断口量取 20 mm 内护层,其余内护层剥除,并剪除填充物。 (4)锯芯线:对正芯线在中心点处锯断

续上表

项 目	内 容
剥除屏蔽层及半导电层	剥除屏蔽及半导电层,如图 2-60 所示。自中心点向两端芯线各量取 300 mm 剥除屏蔽层,从屏蔽层端口各量取 20 mm 半导电层,其余剥除。彻底清除绝缘体表面的半导质
固定应力管	在中心两侧的各相上套入应力管,搭盖铜屏蔽层 200 mm,加热收缩固定。套入管材,在电缆护层被剥除较长一边也套入密封套、护套筒,护层被剥除较短一边套入密封套,每相芯线上套入内、外绝缘管,半导体管,铜网。 (1)加热收缩固定热缩材料时,加热收缩温度设为 110℃～120℃。调节喷灯火焰呈黄色柔和火焰。不应高温蓝色火焰。避免烧伤热收缩材料。 (2)开始加热材料时,火焰要慢慢接近材料,在周围移动,均匀加热,保持火焰朝着前进(收缩)方向预热材料。 (3)火焰应螺旋状前进,保证绝缘管沿周围方向充分均匀收缩
压接连接管	在芯线端部量取 1/2 连接管长度加 5 mm 切除线芯绝缘体,由线芯绝缘断口处量取绝缘体 35 mm,削成 30 mm 长的锥体,压接连接管
包绕半导带及填充胶	在连接管上用细砂布除掉管子棱角和毛刺并擦干净。然后,在连接管上包半导电带,并与两端半导层搭接。在两端的锥体之间包绕填充胶厚度不小于 3 mm
固定绝缘管	(1)固定绝缘管。将三根内绝缘管从电缆端拉出,分别套在两端应力管之间,由中间向两端加热收缩固定。加热火焰向收缩方向。 (2)固定外绝缘管。将外绝缘管套在内绝缘管的中心位置上。由中间向两端加热收缩固定。 (3)固定半导电管。依次将两根半导电管套在绝缘管上,两端搭盖铜屏蔽层各 50 mm,再由两端向中间加热收缩固定
安装屏蔽网接地线	从电缆一端芯线分别拉出屏蔽层,端部用铜丝绑扎,用焊锡焊牢,用地线旋绕扎紧芯线,两端在铠装上用铜丝扎焊牢,并在两侧屏蔽层上焊牢,如图 2-61 所示
固定护套	将两瓣的铁皮护套对扣连接,用钢丝在两端扎紧,用锉刀去掉铁皮毛刺。套上护套筒,将密封套套在电缆两端的护套头上,两端各搭盖护套筒和电缆外护套各 100 mm,加热收缩固定,如图 2-62 所示
送电运行验收	(1)电缆中间头制作完成后,按要求由试验部门做验收。 (2)验收、试验合格后,送电空载运行 24 h,无异常现象,办理验收手续,移交建设单位。同时提交施工记录、产品合格证、质量证明文件、技术文件、实验报告和运行记录等

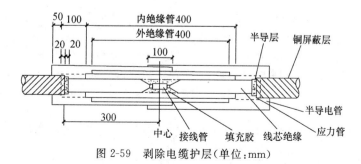

图 2-59　剥除电缆护层(单位:mm)

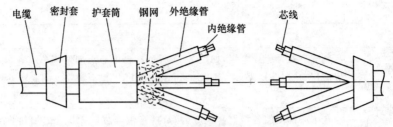

图 2-60　剥除屏蔽层及半导电层

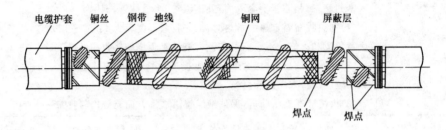

图 2-61　屏蔽网接地线

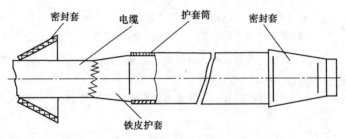

图 2-62　固定护套

3.1 kV 以下电缆头的制作

1 kV 以下电缆头制作标准的施工方法见表 2-46。

表 2-46　1 kV 以下电缆头制作标准的施工方法

项　目	内　容
摇测电缆绝缘	(1)用 1 kV 摇表,对电缆进行摇测,绝缘电阻应在 10 MΩ 以上。 (2)电缆摇测完,应将芯线分别对地放电
剥电缆铠甲,打卡子	(1)根据电缆与设备连接的具体尺寸,量电缆并做好标记,如图 2-63 所示。锯掉多余电缆。根据电缆头套尺寸要求,剥除外护套。电缆头的型号尺寸由厂家配套供应见表 2-47。 (2)将地线的焊接部位用钢锉处理,以备焊接。 (3)在打钢带卡子的同时,多股铜线排列整齐后卡在卡子里。接地线应与钢带充分接触,以保充足的接触面。 (4)利用电缆本身钢带宽的 1/2 做卡子,采用咬口的方法将卡子打牢,必须打两道,防止钢带松开,两道卡子的间距为 15 mm,如图 2-64 所示。 (5)剥电缆铠甲,用钢锯在第一道卡子向上 3～5 mm 处,锯一环形痕,深度为锯钢带厚度的 2/3,不得锯透。 (6)用螺钉刀在锯痕尖角处将钢带挑开,用钳子将钢带撕掉,随后在钢带锯口处用钢锉处理钢毛刺,使其平整光滑

续上表

项　目	内　容
焊接地线	将地线采用锡焊焊接于电缆钢带上,焊接应牢固,不应有虚焊现象。必须焊在两层钢带上,注意不要将电缆烫伤
包缠电缆,套电缆终端头	(1)剥去电缆外包绝缘层,在电缆头套下部先套入电缆。 (2)根据电缆头的型号尺寸,按照电缆头套长度和内径,用塑料带采用半叠法包缠电缆。塑料带包缠应紧密,形状呈枣核状,如图2-65所示。 (3)将电缆头套上部套上,与下部对接、套严,如图2-66所示
压电缆芯线接线鼻子	(1)从芯线端头量出长度为线鼻子的长度,另加5 mm剥去电缆芯线绝缘,并在芯线上涂上凡士林油。 (2)将芯线插入接线鼻子内,用压线钳子压紧接线鼻子,压接应在两道以上。 (3)根据不同的相位,使用黄、绿、红、淡蓝四色塑料带分别包缠电缆各芯线至接线鼻子的压接部位。 (4)将做好终端头的电缆,固定在预先做好的电缆头支架上,并将芯线分开。 (5)根据接线端子的型号,选用螺栓将电缆接线端子压接在设备上,注意使螺栓由上往下,或从内往外穿,平光垫圈和弹簧垫应齐全

表2-47　电缆头的型号尺寸

序号	型号	规格尺寸		适用范围	
		L(mm)	D(mm)	VV,VLV 四芯(mm^2)	VV20,VLV20 四芯(mm^2)
1	VDT－1	86	20	10～16	10～16
2	VDT－2	101	25	25～35	25～35
3	VDT－3	122	25	50～70	50～70
4	VDT－4	138	40	95～120	95～120
5	VDT－5	150	44	150	150
6	VDT－6	158	48	185	185

注:1.L为电缆头长。

　　2.D为电缆头直径。

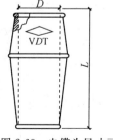

图2-63　电缆头尺寸示意图

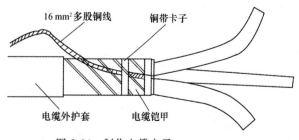

图2-64　制作电缆卡子

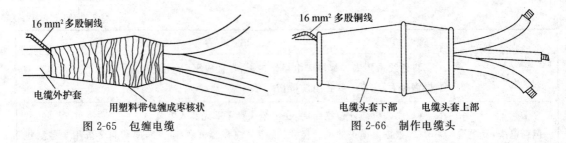

图 2-65　包缠电缆　　　　　　　　　图 2-66　制作电缆头

质量问题

剥除绝缘层时损伤芯线

质量问题表现

芯线损伤处发热断裂。

质量问题原因

剥除绝缘层时损伤芯线,减少导线有效截面和用电负荷,减少了电线的力学强度,造成损伤处发热、易断,影响供电安全,甚至发生事故。

质量问题预防

剥切导线的绝缘层时,应采用专用剥线钳。若采用电工刀剥切绝缘层时,刀刃严禁直角切割,要以斜角剥切。

(1)用刀刃切割绝缘层时,用刀方法要正确,应斜成45°角剥削。

(2)用刀垂直剥削时,应做到既能切掉绝缘层,又不损伤芯线。

(3)用钢丝钳剥削时,拿钳用力不要过大,平时多做练习,应选用比线径大一级的刀口或刀口进行护口处理后使用。并根据导线绝缘层直径正确选用钳口内外夹绝缘层的位置,均可防止损伤芯线。

第三章 电气照明工程

第一节 普通灯具安装

一、施工质量验收标准

普通灯具安装的质量验收标准见表 3-1。

表 3-1 普通灯具安装的质量验收标准

项 目	内 容
主控项目	(1)灯具的固定的规定。 1)灯具重量大于 3 kg 时,固定在螺栓或预埋吊钩上。 2)软线吊灯,灯具重量在 0.5 kg 及以下时,采用软电线自身吊装;大于 0.5 kg 的灯具采用吊链,且软电线编叉在吊链内,使电线不受力。 3)灯具固定牢固可靠,不使用木楔。每个灯具固定用螺钉或螺栓不少于 2 个;当绝缘台直径在 75 mm 及以下时,采用 1 个螺钉或螺栓固定。 (2)花灯吊钩圆钢直径不应小于灯具挂销直径,且不应小于 6 mm。大型花灯的固定及悬吊,应按灯具重量的 2 倍做过载试验。 (3)当钢管做灯杆时,钢管内径不应小于 10 mm,钢管厚度不应小于 1.5 mm。 (4)固定灯具带电部件的绝缘材料以及提供防触电保护的绝缘材料,应耐燃烧和防明火。 (5)当设计无要求时,灯具的安装高度和使用电压等级的规定。 1)一般敞开式灯具,灯头对地面距离不小于下列数值(采用安全电压时除外)。 ①室外:2.5 m(室外墙上安装)。 ②厂房:2.5 m。 ③室内:2 m。 ④软吊线带升降器的灯具在吊线展开后:0.8 m。 2)危险性较大及特殊危险场所,当灯具距地面高度小于 2.4 m 时,使用额定电压为 36 V 及以下的照明灯具或有专用保护措施。 (6)当灯具距地面高度小于 2.4 m 时,灯具的可接近裸露导体必需接地(PE)或接零(PEN)可靠,并应有专用接地螺栓,且有标志
一般项目	(1)引向每个灯具的导线线芯最小截面积应符合表 3-2 的规定。 (2)灯具的外形、灯头及其接线应符合的规定。 1)灯具及其配件齐全,无机械损伤、变形、涂层剥落和灯罩破裂等缺陷。 2)软线吊灯的软线两端做保护扣,两端芯线搪锡;当装升降器时,套塑料软管,采用安全灯头。 3)除敞开式灯具外,其他各类灯具灯泡容量在 100 W 及以上者采用瓷质灯头。

项　目	内　容
一般项目	4)连接灯具的软线盘扣、搪锡压线,当采用螺口灯头时,相线接于螺口灯头中间的端子上。 5)灯头的绝缘外壳不破损和漏电;带有开关的灯头,开关手柄无裸露的金属部分。 (3)变电所内,高低压配电设备及裸母线的正上方不应安装灯具。 (4)装有白炽灯泡的吸顶灯具,灯泡不应紧贴灯罩;当灯泡与绝缘台间距小于5 mm时,灯泡与绝缘台间应采取隔热措施。 (5)安装在重要场所的大型灯具的玻璃罩,应采取防止玻璃罩碎裂后向下溅落的措施。 (6)投光灯的底座及支架应固定牢固,枢轴应沿需要的光轴方向拧紧固定。 (7)安装在室外的壁灯应有泄水孔,绝缘台与墙面之间应有防水措施

表 3-2　导线线芯最小截面积　　　　　　　　　　　（单位:mm²）

灯具安装场所及用途		线芯最小截面积		
		铜芯软线	铜　线	铝　线
灯头线	民用建筑室内	0.5	0.5	2.5
	工业建筑室内	0.5	1.0	2.5
	室　外	1.0	1.0	2.5

二、标准的施工方法

普通灯具安装标准的施工方法见表 3-3。

表 3-3　普通灯具安装标准的施工方法

项　目	内　容
检查灯具	(1)灯具的选用应符合设计要求,设计无要求时,应符合有关规范的规定,根据灯具的安装场所检查灯具是否符合要求。 (2)灯内配线检查。 1)灯内配线应符合设计要求及有关规定。 2)穿入灯箱的导线在分支连接处不得承受额外应力和磨损,多股软线的端头需盘圈、涮锡。 3)灯箱内的导线不应过于靠近热光源,并应采取隔热措施。 4)使用螺灯口时,相线必须压在灯芯柱上
灯具组装	(1)组合式吸顶花灯的组装。 1)首先将灯具的托板放平,如果托板为多块拼装而成,就要将所有的边框对齐,并用螺钉固定,将其连成一体,然后按照说明书及示意图把各个灯口装好。 2)确定出线和走线的位置,将端子板(瓷接头)用机械螺钉固定在托板上。 3)根据已固定好的端子板(瓷接头)至各灯口的距离掐线,把掐好的导线削出线

项　目	内　容
灯具组装	芯,盘好圈后,进行涮锡。然后压入各个灯口,理顺各灯头的相线和零线,用线卡子分别固定,并且按供电要求分别压入端子板。 （2）吊式花灯组装。 1）将导线从各个灯口穿到灯具本身的接线盒里。一端盘圈,涮锡后压入各个灯口。 2）理顺各个灯头的相线和零线,另一端涮锡后根据相序分别连接,包扎并甩出电源引入线,最后将电源引入线从吊杆中穿出

灯具安装		
	吸顶或白炽灯安装	（1）塑料绝缘（木）台的安装。将接线从塑料绝缘（木）台的出线孔中穿出,将塑料绝缘（木）台紧贴住建筑物表面,塑料绝缘（木）台的安装孔对准灯头盒螺孔,用机螺钉（或木螺钉）将塑料绝缘（木）台固定牢固。绝缘台直径大于75 mm时,应使用2个以上胀管固定,如图3-1所示。 （2）把从塑料绝缘（木）台甩出的导线留出适当维修长度,削出线芯,然后推入灯头盒内,线芯应高出塑料绝缘（木）台的台面。用软线在接线芯上缠5～7圈后,将灯芯折回压紧。用黏塑料带和黑胶布分层包扎紧密。将包扎好的接头调顺,扣于法兰盘内,法兰盘（吊盒、平灯口）应与塑料绝缘（木）台的中心找正,用长度小于20 mm的木螺钉固定
	自在器吊灯安装	（1）首先根据灯具的安装高度及数量,把吊线全部预先掐好,应保证在吊线全部放下后,其灯泡底部距地面高度为800～1 100 mm。削出线芯,然后盘圈、涮锡、砸扁。 （2）根据已掐好的吊线长度断取软塑料管,并将塑料管的两端管头剪成两半,其长度为20 mm,然后把吊线穿入塑料管内。 （3）把自在器穿套在塑料管上,将吊盒盖和灯口盖分别套入吊线两端,挽好保险扣,再将剪成两半的软塑料管端头紧密搭接,加热粘合,然后将灯线压在吊盒和灯口螺柱上。如为螺灯口,找出相线,并做好标记,最后按塑料（木）台安装接头方法将吊线安装好
	日光灯安装	（1）吸顶日光灯安装。根据设计图确定出日光灯的位置,将日光灯紧贴建筑物表面,日光灯的灯箱应完全遮盖住灯头盒,对着灯头盒的位置打好进线孔,将电源线甩入灯箱,在进线孔处应套上塑料管以保护导线。找好灯头盒螺孔的位置,在灯箱的底板上用电钻打好孔,用机螺钉拧牢固,在灯箱的另一端应使用胀管螺栓加以固定。如果日光灯是安装在吊顶上的,应该用自攻螺钉将灯箱固定在龙骨上。灯箱固定好后,将电源线压入灯箱内的端子板（瓷接头）上。把灯具的反光板固定在灯箱上,并将灯箱调整顺直,最后把日光灯管安装好。 （2）吊链日光灯安装。根据灯具的安装高度,将全部吊链编好,把吊链挂在灯箱挂钩上,并且在建筑物顶棚上安装好塑料（木）台,将导线依顺序编叉在吊链内,并引入灯箱,在灯箱的进线孔处应套上软塑料管加以保护导线,压入灯箱内的端子板（瓷接头）内。将灯具导线和灯头盒中甩出的电源线连接,并用黏塑料带和黑胶布分层包扎紧密。理顺接头扣于法兰盘内,法兰盘（吊盒）的中心应与塑料（木）台的中心对正,用木螺钉将其拧牢固。将灯具的反光板用机螺钉固定在灯箱上,调整好灯脚,最后将灯管装好。日光灯接线,如图3-2所示

项　　目		内　　容
灯具安装	各式花灯安装	(1)组合式吸顶花灯安装。根据预埋的螺栓和灯头盒的位置,在灯具的托板上用电钻开好安装孔和出线孔,安装时将托板托起,将电源线和从灯具甩出的导线连接并包扎严密。应尽可能地把导线塞入灯头盒内,然后把托板的安装孔对准预埋螺栓,使托板四周和顶棚紧贴,用螺母将其拧紧,调整好各个灯口,悬挂好灯具的各种饰物,并安好灯管或灯泡。 (2)吊式花灯安装。将灯具托起,并把预埋好的吊杆插入灯具内,把吊挂销钉插入后将其尾部掰开成燕尾状,并且将其压平。导线接好头,包扎严实,理顺后向上推起灯具上部的扣碗,将接头扣于其内,且将扣碗紧贴顶棚,拧紧固定螺钉。调整好各个灯口。安好灯泡,最后再配上灯罩
	光带安装	(1)根据灯具的外形尺寸确定其支架的支撑点,再根据灯具的具体重量经过认真核算,用支架的型材制作支架,做好后,根据安装位置,用预埋件或用胀管螺栓把支架固定牢固。轻型光带的支架可以直接固定在主龙骨上。 (2)大型光带必须先下好预埋件,将光带的支架用螺钉固定在预埋件上,随后将光带的灯箱用机螺钉固定在预埋件上,再将电源线引入灯箱与灯具的导线连接并包扎紧密。 (3)调整各个灯口和灯脚,装上灯泡或灯管上好灯罩,最后调整灯具的边框应与顶棚面的装修直线平行。如果灯具对称安装,其纵向中心轴线应在同一直线上,偏斜不应大于 5 mm
	壁灯安装	(1)根据灯具的外形选择合适的木台或木板,把灯具摆放在上面,四周留出的余量要对称,再用电钻在木板上开好出线孔和安装孔。在灯具的底板上也开好安装孔,将灯具的灯头线从木台(板)的出线孔中甩出,在墙壁上的灯头盒内接头,并包扎严密,将接头塞入盒内。 (2)绝缘台与灯头盒对准,贴紧墙面,用机螺钉将绝缘台直接固定在盒子耳朵上,如果圆台直径超过 75 mm,应采用 2 个以上胀管固定。 (3)调整绝缘台,使其平正不歪斜,用螺钉将灯具固定在绝缘台上,最后配好灯泡、灯伞或灯罩。灯罩与灯泡不得相碰,当绝缘台与灯泡距离小于 5 mm 时,灯泡与绝缘台间应采取加隔热措施。 (4)安装在室外的壁灯应做好防水和泄水,绝缘台与墙面之间应有防水措施,有可能积水之处应打泄水孔。 (5)壁灯安装背后接线盒没有开口的应开口,没有接线盒的应加接线盒,木装修墙面接线盒应做防火处理
	通电试运行	(1)灯具、配电箱盘安装完毕后,且各条支路的绝缘电阻摇测合格后,方允许通电试运行。 (2)通电后应仔细检查和巡视,检查灯具的控制是否灵活、准确;开关与灯具控制顺序相对应,如果发现问题必须先断电,然后再找出原因进行修复

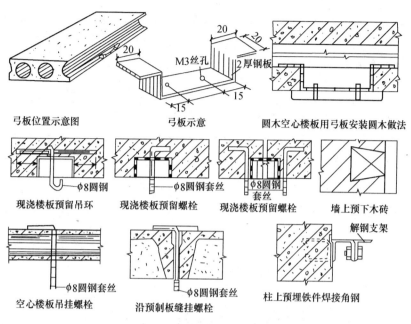

图 3-1　圆孔板上固定塑料(木)台做法(单位:mm)

注:1. 大型灯具的吊装结构应经专业核算。

　　2. 较重灯具不能用塑料线承重吊挂。

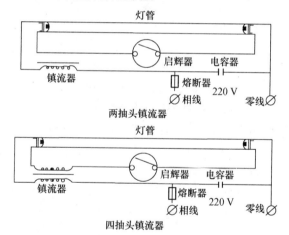

图 3-2　日光灯接线图

软线吊灯安装不符合要求

质量问题表现

(1)导线受挤压变形。

(2)吊盒与圆木不对中。

(3)吊盒内保险扣太小不起作用。

(4)灯口距地太低,竣工时灯具被喷浆玷污。

(5)软线不刷锡或刷锡不饱满。

质量问题

质量问题原因

(1)采用 0.5 mm² 塑料线取代双股编织线做吊灯线,吊灯线外径太细,使保险扣从吊盒眼孔内脱出,使压线螺栓受拉力。

(2)安装时不细心,又无专用工具,全凭目测,安装后吊盒与圆木不对中。

(3)吊线下料过长,灯口距地面过低,两工序颠倒或装灯具后又补修浆活,采用喷浆取代刷浆,造成灯具污染。

质量问题预防

(1)吊灯线应选用双股编织花线,如果采用 0.5 mm² 线时应穿软塑料管,并将该线双股并列挽保险扣,如图 3-3 所示。

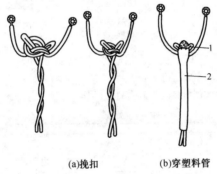

(a)挽扣　　　(b)穿塑料管

图 3-3　0.5 mm² 软塑料线挽保险扣

1—热封口;2—套软塑料管

(2)在圆木上打眼时,预先将吊盒位置在圆木上划一圈,安装时对准划好的线拧螺栓,使吊盒装在圆木中心,预制圆孔板定灯位时,由于板肋的影响,灯位可往窗口一边偏移 60 mm。

(3)吊灯软线与压线螺栓连接应将软线刷锡,刷锡时可先将铜芯线挽成圈再涂松香油,焊锡烧得热一点即可焊好。

第二节　专用灯具安装

一、施工验收标准

专用灯具安装的质量验收标准见表 3-4。

表 3-4　专用灯具安装的质量验收标准

项　　目	内　　容
主控项目	(1)36 V 及以下行灯变压器和行灯安装的规定。 1)行灯电压不大于 36 V,在特殊潮湿场所或导电良好的地面上以及工作地点狭窄、行动不便的场所行灯电压不大于 12 V。

续上表

项　　目	内　　　容
主控项目	2)变压器外壳、铁芯和低压侧的任意一端或中性点,接地(PE)或接零(PEN)可靠。 　　3)行灯变压器为双圈变压器,其电源侧和负荷侧均有熔断器保护。熔丝额定电流分别不应大于变压器一次、二次的额定电流。 　　4)行灯灯体及手柄绝缘良好,坚固、耐热、耐潮湿;灯头与灯体结合紧固,灯头无开关,灯泡外部有金属保护网、反光罩及悬吊挂钩,挂钩固定在灯具的绝缘手柄上。 　　(2)游泳池和类似场所灯具(水下灯及防水灯具)的等电位联结应可靠,且有明显标志,其电源的专用漏电保护装置应全部检测合格。自电源引入灯具的导管必须采用绝缘导管,严禁采用金属或有金属护层的导管。 　　(3)手术台无影灯安装的规定。 　　1)固定灯座的螺栓数量不少于灯具法兰底座上的固定孔数,且螺栓直径与底座孔径相适配;螺栓采用双螺母锁固。 　　2)在混凝土结构上螺栓与主筋相焊接或将螺栓末端弯曲与主筋绑扎锚固。 　　3)配电箱内装有专用的总开关及分路开关,电源分别接在两条专用的回路上,开关至灯具的电线采用额定电压不低于 750 V 的铜芯多股绝缘电线。 　　(4)应急照明灯具安装的规定。 　　1)应急照明灯具的电源除正常电源外,另有一路电源供电;或者是独立于正常电源的柴油发电机组供电;或由蓄电池柜供电或选用自带电源型应急灯具。 　　2)应急照明灯具在正常电源断电后,电源转换时间为:疏散照明≤15 s,备用照明≤15 s(金融商店交易所≤1.5 s),安全照明≤0.5 s。 　　3)疏散照明由安全出口标志灯和疏散标志灯组成。安全出口标志灯距地高度不低于 2 m,且安装在疏散出口和楼梯口里侧的上方。 　　4)疏散标志灯安装在安全出口的顶部。楼梯间、疏散走道及其转角处应安装在1 m 以下的墙面上。不易安装的部位可安装在上部。疏散通道上的标志灯间距不大于 20 m(人防工程不大于 10 m)。 　　5)疏散标志灯的设置,不影响正常通行,且不在其周围设置容易混同疏散标志灯的其他标志牌等。 　　6)应急照明灯具、运行中温度大于 60℃的灯具,当靠近可燃物时,采取隔热、散热等防火措施。当采用白炽灯、卤钨灯等光源时,不直接安装在可燃装修材料或可燃物件上。 　　7)应急照明线路在每个防火分区有独立的应急照明回路,穿越不同防火分区的线路有防火隔堵措施。 　　8)疏散照明线路采用耐火电线、电缆,穿管明敷或在非燃烧体内穿刚性导管暗敷,暗敷保护层厚度不小于 30 mm。电线采用额定电压不低于 750 V 的铜芯绝缘电线。 　　(5)防爆灯具安装的规定。 　　1)灯具的防爆标志、外壳防护等级和温度组别与爆炸危险环境相适配。当无设计要求时,灯具种类和防爆结构的选型应符合表 3-5 的规定。 　　2)灯具配套齐全,不用非防爆零件替代灯具配件(金属护网灯罩、接线盒等); 　　3)灯具的安装位置离开释放源,且不在各种管道的泄压口及排放口上方安装灯具; 　　4)灯具及开关安装牢固可靠,灯具吊管及开关与接线盘螺纹啮合扣数不少于5 扣,螺纹加工光滑、完整、无锈蚀,并在螺纹上涂以电力复合酯或导电性防锈酯。 　　5)开关安装位置便于操作,安装高度 1.3 m

续上表

项　　目	内　　容
一般项目	(1)36 V 及以下行灯变压器和行灯安装的规定。 1)行灯变压器的固定支架牢固，油漆完整。 2)携带式局部照明灯电线采用橡套软线。 (2)手术台无影灯安装的规定。 1)底座紧贴顶板，四周无缝隙。 2)表面保持整洁、无污染，灯具镀、涂层完整无划伤。 (3)应急照明灯具安装的规定。 1)疏散照明采用荧光灯或白炽灯；安全照明采用卤钨灯，或采用瞬时可靠点燃的荧光灯。 2)安全出口标志灯和疏散标志灯装有玻璃或非燃材料的保护罩，面板亮度均匀度为 1：10(最低：最高)，保护罩应完整、无裂纹。 (4)防爆灯具安装的规定。 1)灯具及开关的外壳完整，无损伤、无凹陷或沟槽，灯罩无裂纹，金属护网无扭曲变形，防爆标志清晰。 2)灯具及开关的紧固螺栓无松动、锈蚀、密封垫圈完好

表 3-5　灯具种类和防爆结构的选型

照明设备种类	爆炸危险区域防爆结构			
	Ⅰ区		Ⅱ区	
	隔爆型 d	增安型 e	隔爆型 d	增安型 e
固定式灯	○	×	○	○
移动式灯	△	—	○	—
携带式电池灯	○	—	○	—
镇流器	○	△	○	○

注：○为适用；△为慎用；×为不适用。

二、标准的施工方法

专业灯具安装标准的施工方法见表 3-6。

表 3-6　专业灯具安装标准的施工方法

项　　目	内　　容
检查灯具	(1)灯具的选用。参见"第一节普通灯具安装"中标准的施工方法的相关内容。 (2)灯内配线检查。参见"第一节普通灯具安装"中标准的施工方法的相关内容。 (3)专用灯具检查。 1)各种标志灯的指示方向正确无误。 2)应急灯必须灵敏可靠。 3)事故照明灯具应有特殊标志。 4)局部照明灯必须是双圈变压器，初次级均应装有熔断器。 5)携带式局部照明灯具用的导线，宜采用橡胶套导线，接地或接零线应在同一护套内

项 目	内 容
组装灯具	按设计图纸要求和产品厂家提供的说明进行
专用灯具的安装	(1)行灯安装。 1)电压不得超过 36 V。 2)灯体及手柄应绝缘良好,坚固耐热、耐潮湿。 3)灯头与灯体结合紧固,灯头应无开关。 4)灯泡外部应有金属保护网。 5)金属网、反光罩及悬吊挂钩,均应固定在灯具的绝缘部分上。 6)在特殊潮湿场所或导电良好的地面上,或工作地点狭窄、行动不便的场所(如在锅炉内、金属容器内工作),行灯电压不得超过 12 V。 7)携带式局部照明灯具所用的导线宜采用橡套软线。 (2)手术台无影灯安装。 1)固定螺钉的数量,不得少于灯具法兰盘上的固定孔数,且螺栓直径应与孔径配套。 2)在混凝土结构上,预埋螺栓应与主筋相焊接,或将挂钩末端弯曲与主筋绑扎锚固。 3)固定无影灯底座时,均须采用双螺母。 4)安装在重要场所的大型灯具的玻璃罩,应有防止其破碎后向下溅落的措施(除设计要求外),一般可用透明尼龙丝编织的保护网,网孔的规格应根据实际情况决定、定制。 (3)应急照明灯具安装。 1)应急照明灯具必须设置经消防检测中心检测合格的灯具。 2)安全出口标志灯应设置在疏散方向里侧的上方。灯具底边宜在门框(套)上方0.2 m。地面上的疏散指示灯,应有防止被重物或外力损坏的措施。当厅室面积较大时,疏散指示灯无法装设在墙面上时,应装设在顶棚下,并距地面高度不应小于2.5 m。 3)疏散照明灯投入使用后,应检查灯具始终处于点亮状态。 4)应急照明灯具安装完毕后,应检验灯具电源转换时间。应急照明最少持续供电时间应符合设计要求。 (4)手术台无影灯安装。 1)固定灯座的螺栓数量不应少于灯具法兰底座上的固定孔数,螺栓直径应与孔径匹配,螺栓应采双螺母锁紧。 2)固定无影灯基座的金属构架应与楼板内的预埋件焊接连接,不应采用膨胀螺栓固定。 3)开关至灯具的电线应采用额定电压不低于 450 V/750 V 的铜芯多股绝缘电线。 (5)防爆灯具安装。 1)检查灯具的防爆标志、外壳防护等级和温度组别应与爆炸危险环境相适配。 2)灯具的外壳应完整,无损伤、凹陷变形,灯罩无裂纹,金属护网无扭曲变形,防爆标志清晰。 3)灯具的紧固螺栓应无松动、锈蚀现象,密封垫圈完好。 4)灯具附件应齐全,不得使用非防爆零件代替防爆灯具配件。

项　目	内　容
专用灯具的安装	5)灯具的安装位置应离开释放源,且不得在各种管道的泄压口及排放口上方或下方。 6)导管与防爆灯具、接线盒之间连接应紧密,密封完好;螺纹啮合扣数应不少于5扣,并应在螺纹上涂以电力复合酯或导电性防锈酯。 7)防爆弯管工矿灯应在弯管处用镀锌链条或型钢拉杆加固
通电试运行	参见"第一节普通灯具安装"中标准的施工方法的相关内容

质量问题

应急灯安装不符合要求

质量问题表现

(1)导线采用一般铜芯多股电线。

(2)疏散标志灯安装位置不正确。

质量问题原因

(1)施工人员对施工规范要求不了解,未采用绝缘强度不低于750 V的铜芯绝缘电线。

(2)施工人员缺乏施工经验,疏散标志灯安装在不适宜的位置。

质量问题预防

应急照明包括备用照明(供继续和暂时继续工作的照明)、疏散照明和安全照明。为方便确认,以利于与常规灯具区别,公共场所用的应急照明灯和疏散标志灯应有明显的标志。

(1)应急照明灯具安装应符合下列规定。

1)应急照明灯的电源除正常电源外,另有一路电源供电;或者是独立于正常电源的柴油发电机组供电;或由蓄电池柜供电或选用自带电源型应急灯具。

2)应急照明在正常电源断电后,电源转换时间为:疏散照明≤15 s;备用照明≤15 s(金融商店交易所≤1.5 s);安全照明≤0.5 s。

3)疏散照明由安全出口标志灯和疏散标志灯组成。安全出口标志灯距地高度不低于2 m,且安装在疏散出口和楼梯口里侧的上方。

4)疏散标志灯安装在安全出口的顶部,楼梯间、疏散走道及其转角处应安装在1 m以下的墙面上。不易安装的部位可安装在上部。疏散通道上的标志灯间距不大于20 m(人防工程不大于10 m)。

5)疏散标志灯的设置,不影响正常通行,且不在其周围设置容易混同疏散标志灯的其他标志牌等。

质量问题

　　6)应急照明灯具、运行中温度大于60℃的灯具,当靠近可燃物时,采取隔热、散热等防火措施。当采用白炽灯、卤钨灯等光源时,不直接安装在可燃装修材料或可燃物件上。

　　7)应急照明线路在每个防火分区有独立的应急照明回路,穿越不同防火分区的线路有防火隔堵措施。

　　8)疏散照明线路采用耐火电线、电缆,穿管明敷或在非燃烧体内穿刚性导管暗敷,暗敷保护层厚度不小于30 mm。电线采用额定电压不低于750 V的铜芯绝缘电线。

　　9)疏散照明采用荧光灯或白炽灯;安全照明采用卤钨灯,或采用瞬时可靠点燃的荧光灯。

　　10)安全出口标志灯和疏散标志灯装有玻璃或非燃材料的保护罩,面板亮度均匀度为1:10(最低:最高),保护罩应完整、无裂纹。

　　(2)备用照明安装。备用照明是除安全理由以外,正常照明出现故障而工作和活动仍需继续进行时而设置的应急照明。备用照明的照度往往利用部分或全部正常照明灯具来提供。备用照明宜安装在墙面或顶棚部位。

　　(3)疏散照明安装。

　　1)疏散照明系在紧急情况下将人安全地从室内撤离所使用的应急照明。疏散照明按安装的位置又分为应急出口(安全出口)照明和疏散走道照明。

　　2)疏散照明要求沿走道提供足够的照明,能看见所有的障碍物,清晰无误地沿指明的疏散路线,迅速找到应急出口,并能容易地找到沿疏散路线设的消防报警按钮、消防设备和配电箱。

　　3)疏散照明宜设在安全出口的顶部、疏散走道及其转角处距地1 m以下的墙面上,当交叉口处墙面下侧安装难以明确表示疏散方向时也可将疏散标志灯安装在顶部。疏散走道上的标志灯应有指示疏散方向的箭头标志。疏一散走道上的标志灯间距不宜大于20 m(人防工程不宜大于10 m)

　　4)楼梯间内的疏散标志灯宜安装在休息平台板上方的墙角处或壁装,并应用箭头及阿拉伯数字清楚标明上、下层层号。疏散标志灯的设置原则,如图3-4所示。

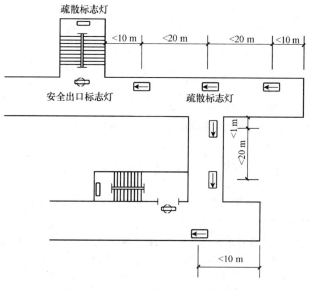

图3-4　疏散标志灯设置原则示意图

（4）安全照明安装。

1）安全照明在正常照明故障时，能使操作人员或其他人员处于危险之中而设的应急照明。这种场合一般还必须设疏散应急照明。

2）安全出口标志灯宜安装在疏散门口的上方，在首层的疏散楼梯应安装于楼梯口的里侧上方。安全出口标志灯距地高度宜不低于 2 m。

3）疏散走道上的安全出口标志灯可明装，而厅室内宜采用暗装。安全出口标志灯应有图形和文字符号，在有无障碍设计要求时，宜同时设有音响指示信号。

第三节　建筑物彩灯、霓虹灯、航空障碍标志灯和庭院灯安装

一、施工质量验收标准

建筑物彩灯、霓虹灯、航空障碍标志灯和庭院灯安装的质量验收标准见表 3-7。

表 3-7　建筑物彩灯、霓虹灯、航空障碍标志灯和庭院灯安装的质量验收标准

项　目	内　容
主控项目	（1）建筑物彩灯安装的规定。 1）建筑物顶部彩灯采用有防雨功能的专用灯具，灯罩要拧紧。 2）彩灯配线管路按明配管敷设，且有防雨功能。管路间、管路与灯头盒间采用螺纹连接，金属导管及彩灯的构架、钢索等可接近裸露导体接地（PE）或接零（PEN）可靠。 3）垂直彩灯悬挂挑臂采用不小于 10 号的槽钢。端部吊挂钢索用的吊钩螺栓直径不小于 10 mm，螺栓在槽钢上固定，两侧有螺母，且加平光垫圈及弹簧垫圈紧固。 4）悬挂钢丝绳直径不小于 4.5 mm，底把圆钢直径不小于 16 mm，地锚采用架空外线用拉线盘，埋设深度大于 1.5 m。 5）垂直彩灯采用防水吊线灯头，下端灯头距离地面高于 3 m。 （2）霓虹灯安装的规定。 1）霓虹灯灯管完好，无破裂。 2）灯管采用专用的绝缘支架固定，且牢固可靠。灯管固定后，与建筑物、构筑物表面的距离不小于 20 mm。 3）霓虹灯专用变压器采用双圈式，所供灯管长度不大于允许负载长度，露天安装的有防雨措施。 4）霓虹灯专用变压器的二次电线和灯管间的连接线采用额定电压大于 15 kV 的高压绝缘电线。二次电线与建筑物、构筑物表面的距离不小于 20 mm。 （3）建筑物景观照明灯具安装的规定。 1）每套灯具的导电部分对地绝缘电阻值大于 2 MΩ。 2）在人行道等人员来往密集场所安装的落地式灯具，无围栏防护，安装高度距地面 2.5 m 以上。

续上表

项　目	内　容
主控项目	3)金属构架和灯具的可接近裸露导体及金属软管的接地(PE)或接零(PEN)可靠,且有标志。 (4)航空障碍标志灯安装的规定。 1)灯具装设在建筑物或构筑物的最高部位。当最高部位平面面积较大或为建筑群时,除在最高端装设外,还在其外侧转角的顶端分别装设灯具。 2)当灯具在烟囱顶上装设时,安装在低于烟囱口 1.5~3 m 的部位且呈正三角形水平排列。 3)灯具的选型根据安装高度决定。低光强的(距地面 60 m 以下装设时采用)为红色光,其有效光强大于 1 600 cd;高光强的(距地面 150 m 以上装设时采用)为白色光,有效光强随背景亮度而定。 4)灯具的电源按主体建筑中最高负荷等级要求供电。 5)灯具安装牢固可靠,且设置维修和更换光源的措施。 (5)庭院灯安装的规定。 1)每套灯具的导电部分对地绝缘电阻值大于 2 MΩ。 2)立柱式路灯、落地式路灯、特种园艺灯等灯具与基础固定可靠,地脚螺栓备帽齐全。灯具的接线盒或熔断器盒,盒盖的防水密封垫完整。 3)金属立柱及灯具可接近裸露导体接地(PE)或接零(PEN)可靠。接地线单设干线,干线沿庭院灯布置位置形成环网状,且不少于 2 处,与接地装置引出线连接。由干线引出支线与金属灯柱及灯具的接地端子连接,且有标识
一般项目	(1)建筑物彩灯安装的规定。 1)建筑物顶部彩灯灯罩完整,无碎裂。 2)彩灯电线导管防腐完好,敷设平整、顺直。 (2)霓虹灯安装的规定。 1)当霓虹灯变压器明装时,高度不小于 3 m;低于 3 m 应采取防护措施。 2)霓虹灯变压器的安装位置方便检修,且隐蔽在不易被非检修人员触及的场所,不装在吊平顶内。 3)当橱窗内有霓虹灯时,橱窗门与霓虹灯变压器一次侧开关有连锁装置,确保开门不接通霓虹灯变压器的电源。 4)霓虹灯变压器二次侧的电线采用玻璃制品绝缘支持物固定,支持点间距离不大于下列数值。 ①水平线段:0.5 m。 ②垂直线段:0.75 m。 (3)建筑物景观照明灯具构架应固定可靠,地脚螺栓拧紧,备帽齐全;灯具的螺栓紧固、无遗漏。灯具外露的电线或电缆应有柔性金属导管保护。 (4)航空障碍标志灯安装的规定。 1)同一建筑物或建筑群灯具间的水平、垂直距离不大于 45 m。 2)灯具的自动通、断电源控制装置动作准确。 (5)庭院灯安装的规定。 1)灯具的自动通、断电源控制装置动作准确,每套灯具熔断器盒内熔丝齐全,规格与灯具适配。 2)架空线路电杆上的路灯,固定可靠,紧固件齐全、拧紧,灯位正确;每套灯具配有熔断器保护

二、标准的施工方法

1. 霓虹灯安装

霓虹灯安装标准的施工方法见表 3-8。

表 3-8　霓虹灯安装标准的施工方法

项　　目	内　　容
安装要点	（1）霓虹灯应完好，无破裂。 （2）霓虹灯灯管应采用专用的绝缘支架固定，且牢固可靠，灯管与建筑物、构筑物表面的净距离不得小于 20 mm。 （3）霓虹灯专用变压器应采用双圈式，所供灯管长度不大于其允许负载长度，露天安装应有防雨措施。 （4）霓虹灯专用变压器的二次侧电线和灯管间的连接线采用额定电压不低于 15 kV 的高压绝缘导线。二次侧电线应使用耐高压导线。如不使用耐高压导线，也可采用独股裸铜线穿玻璃管或瓷管敷设，敷设时尽量减少弯曲，弯曲部位应缓慢，以免玻璃管擦伤铜线。二次侧电线应采用绝缘支持件固定，距附着面的距离应不小于 20 mm，固定点间距离以不大于 600 mm 为宜，线间距离不宜小于 60 mm，二次侧电线距其他管线应在 150 mm 以上，并用绝缘物隔离；过墙时应采用瓷管保护。 （5）霓虹灯管路、变压器的中性点及金属外壳要与专用保护线 PE 可靠地相连接。为了防潮及防尘，变压器应放在耐燃材料制作的箱内。 （6）霓虹灯的接线原理，如图 3-5 所示
灯管安装	（1）霓虹灯灯管由直径 10～20 mm 的玻璃管撖弯制成。灯管两端各装一个电极，玻璃管内抽成真空后，再充入氖、氦等惰性气体作为发光的介质，在电极的两端加上高压，电极发射电子激发管内惰性气体，使电流导通灯管发出红、绿、蓝、黄、白等不同颜色的光束。 （2）霓虹灯管本身容易破碎，管端部还有高电压，因此应安装在人不易触及的地方，并不应和建筑物直接接触，固定后的灯管与建筑物、构筑物表面的最小距离不宜小于 20 mm。 （3）安装霓虹灯灯管时，一般用角钢做成框架，框架既要美观，又要牢固，在室外安装时还要经得起风吹雨淋。 （4）安装时，应在固定霓虹灯灯管的基面上（如立体文字、图案、广告牌和牌匾的面板等），确定霓虹灯每个单元（如一个文字）的位置。灯体组装时要根据字体和图案的每个组成件（每段霓虹灯灯管）所在位置安设灯管支持件（也称灯架），灯管支持件要采用绝缘材料制品（如玻璃、陶瓷、塑料等），其高度不应低于 4 mm，支持件的灯管卡接口要和灯管的外径相匹配。支持件宜用一个螺钉固定，以便调节卡接口与灯管的衔接位置。灯管和支持件要用绑线绑扎牢靠，每段霓虹灯灯管其固定点不得少于两处，在灯管的较大弯曲处（不含端头的工艺弯折）应加设支持件。霓虹灯管在支持件上装设不应承受应力。 （5）霓虹灯灯管要远离可燃性物质，其距离至少应在 300 mm 以上；与其他管线应有 150 mm 以上的间距，并应设绝缘物隔离。 （6）霓虹灯灯管出线端与导线连接应紧密可靠以防打火或断路。 （7）安装灯管时应用各种玻璃或瓷制、塑料制的绝缘支持件固定。有的支持件可以将灯管直接卡入，有的则可用 $\phi 0.5$ 的裸细铜丝扎紧，如图 3-6 所示。安装灯管时

续上表

项　目	内　容
灯管安装	且不可用力过猛,灯管安装完毕,再用螺钉将灯管支持件固定在木板或塑料板上。 　(8)室内或橱窗里的小型霓虹灯灯管安装时,在框架上拉紧已套上透明玻璃管的镀锌钢丝,组成 200～300 mm 间距的网格,然后将霓虹灯灯管用 $\phi 0.5$ 的裸铜丝或弦线等与玻璃管绞紧即可,如图3-7所示
变压器安装	(1)变压器应安装在角钢支架上,其支架宜设在牌匾、广告牌的后面或旁侧的墙面上,支架如埋入固定,埋入深度不得少于 120 mm;如用胀管螺栓固定,螺栓规格不得小于 M10。角钢规格宜在 35 mm×35 mm×4 mm 以上,变压器外形,如图3-8所示。 　(2)变压器要用螺栓紧固在支架上,或用扁钢抱箍固定。变压器外皮及支架要做接零(地)保护。 　(3)变压器在室外明装其高度应在 3 m 以上,距离建筑物窗口或阳台也应以人不能触及为准,如上述安全距离不足,或变压器明装于屋面、女儿墙、雨棚等人易触及的地方,均应设置围栏或覆盖金属网进行隔离、防护,确保安全。 　(4)为防雨、雪和尘埃的侵蚀可将变压器装于不燃或难燃材料制作的箱内加以保护,金属箱要做保护接零(地)处理。 　(5)霓虹灯变压器应紧靠灯管安装,一般隐蔽在霓虹灯灯板之后,可以减短高压接线,但要注意切不可安装在易燃品周围。安装在室外的变压器,离地高度不宜低于 3 m,离阳台、架空线路等距离不应小于 1 m。 　(6)霓虹灯变压器的铁芯、金属外壳、输出端的一端以及保护箱等均应进行可靠接地
配电控制箱(柜)	(1)配电控制箱(柜)内的配线应排列整齐,电路的主干线应与控制器的控制线分开敷设;控制线应采用绝缘带捆扎成束。配电控制箱(柜)底边距地面的高度,在地面应不小于 1.8 m,在高层建筑物的室外水平安装面应不小于 0.5 m。 　(2)配电控制箱(柜)内如有变压器次级高压线出入,其与低压线之间的距离应不小于 70 mm。 　(3)配电控制箱(柜)的接线应牢固,电气接触良好,金属构架、金属盘面、内部电气部件的金属外壳应有明显标识的接地或接零的保护措施。 　(4)配电控制箱(柜)内的输入、输出导线穿孔部位应设置绝缘防护套管,防止导线绝缘层磨损。 　(5)配电控制箱(柜)应安装牢固,箱体开孔与导管管径适配,安装垂直度允许偏差为 1.5‰。配电控制箱(柜)嵌入安装时,箱(柜)门应紧贴墙面,箱体涂层完整。 　(6)室内安装时,应考虑控制可靠和安全方便
电气连接	(1)低压配线。 　1)霓虹灯工程低压供电电源的输入导线应采用具有足够载流能力的橡套或塑料护套多芯线。 　2)明敷的保护接地线应采用黄/绿相间的双色塑铜线,工作零线(中性线)应用淡蓝色塑铜线。 　3)低压配线的布线,应采用绝缘扎带或固定卡对导线进行捆扎和固定,或采用加绝缘套管的方式保护固定绝缘层。 　4)电感变压器初级侧的导线连接应采用连接帽固定。

续上表

项　目	内　容
电气连接	5)室外埋地敷设的电缆导管,埋深应不小于 0.7 m。壁厚小于等于 2 mm 的钢导线管不应埋设于室外土壤内。 6)橱窗内安装的霓虹灯,应设置与橱窗门联动的电源控制开关。 (2)高压配线。 1)霓虹灯变压器次级输出高压线铜芯裸露部分之间,高压线铜芯裸露部分与敷设面之间的爬电距离和电气间隙。 2)电感变压器输出高压导线应采用高绝缘材料的支承物固定。支承物之间的最大距离:水平敷设 0.5 m,垂直敷设 0.75 m。 3)电子变压器输出高压导线应采用高绝缘材料的支承物固定。支承物之间的最大距离:水平敷设 0.5 m,垂直敷设 0.75 m。 4)高压导线连接处应采用连接帽固定和防护,不应使用胶粘带捆扎。 (3)霓虹灯导线贯穿板壁的安装。 1)霓虹灯导线贯穿部位应采用橡胶或塑料的绝缘护套、防护口,在出、入口处将导线固定。 2)贯穿的板壁或墙壁较厚时,可采用阻燃材料封填,也可采用硬塑料导线管插入直瓷管内进行安装。或采用阻燃的耐压绝缘套管,套管应凸出壁面。应在出、入口处将导线固定。 (4)金属构架和霓虹灯装置的可接近裸露导体的接地(PE)或接零(PEN)可靠,且有易识别的标识
避雷装置的安装	(1)在超过周围建筑物或超过地面 20 m 处安装霓虹灯装置时,应设置避雷装置。 (2)避雷装置应根据霓虹灯工程中建筑物的避雷类别按照《建筑物避雷设计规范》(GB 50057—2010)的规定和要求加工、制作并安装。 (3)避雷装置的接地装置应符合《电气装置安装工程接地装置施工及验收规范》(GB 50169—2006)的规定和要求加工、制作并安装
安装标识	(1)霓虹灯工程整体应有制作单位名称为内容的来源标识,还应有联系方式。 (2)标识应采用金属或其他材料制作,标识应安装在主画面的左或右下角,也可在主画面之外的平面上单独安装。 (3)标识尺寸应与主画面成定比例,在不影响画面效果的前提下利于辨识,以便监督检查

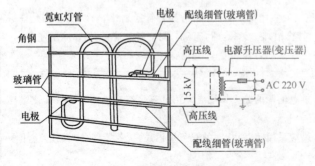

图 3-5　霓虹灯接线原理图

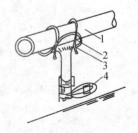

图 3-6　霓虹灯灯管支持件固定
1—霓虹灯灯管;2—绝缘支持件;
3—φ0.5 mm 裸铜丝扎紧;4—螺钉固定

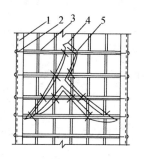

图 3-7 霓虹灯灯管绑扎固定

1—型钢框架;2—ϕ1.0 mm 镀锌钢丝;

3—玻璃套管;4—霓虹灯灯管;5—ϕ0.5 mm 铜丝扎紧

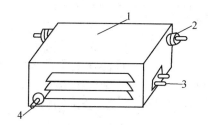

图 3-8 霓虹灯变压器外形图

1—金属箱;2—高压接线柱;

3—低压接线柱;4—接地接线柱

质量问题

霓虹灯高电压泄漏,气体放电

质量问题表现

霓虹灯高电压泄漏,气体放电使灯管破碎。

质量问题原因

(1)金属箱未做保护接地(零)处理。

(2)霓虹灯变压器安装位置不对。

质量问题预防

(1)霓虹灯专用变压器的二次导线和灯管间的连接线,应采用额定电压不低于 15 kV 的高压尼龙绝缘线。霓虹灯专用压器的二次导线与建筑物、构筑物表面之间的距离均不应大于 20 mm。高压导线支持点间的距离,在水平敷设时为 0.5 m;垂直敷设时,支持点间的距离为 0.75 m。高压导线在穿越建筑物时,应穿双层玻璃管加强绝缘,玻璃管两端须露出建筑物两侧,长度各为 50～80 mm。

(2)其他要求,参见表 3-8 中"变压器安装"的相关规定。

2. 建筑物彩灯安装

建筑物彩灯安装标准的施工方法见表 3-9。

表 3-9 建筑物彩灯安装标准的施工方法

项　目	内　容
安装要点	(1)垂直彩灯悬挂挑臂采用的槽钢不应小于 10 号,端部吊挂钢索用的开口吊钩螺栓直径不小于 10 mm,槽钢上的螺栓固定应两侧有螺母,且防松装置齐全,螺栓紧固。 (2)悬挂钢丝绳直径不得小于 4.5 mm,底把圆钢直径不小于 16 mm,地锚采用架空外线用拉线盘,埋设深度应大于 1.5 m。

项　目	内　容
安装要点	（3）建筑物顶部彩灯应采用有防雨功能的专用灯具，灯罩应拧紧；垂直彩灯采用防水吊线灯头，下端灯头距地面高于 3 m。 （4）彩灯的配线管道应按明配管要求敷设，且应有防雨功能，管路与管路间、管路与灯头盒间采用螺纹连接，金属导管及彩灯构架、钢索等应接地（PE）或接零（PEN）可靠
彩灯安装	（1）安装彩灯时，应使用钢管敷设，严禁使用非金属管做敷设支架。 （2）管路之间（即灯具两旁）应用不小于 φ6 的镀锌圆钢进行跨接连接。 （3）管路安装时，首先按尺寸将镀锌钢管厚壁切割成段，端头套丝，缠上油麻，再将电线管拧紧在彩灯灯具底座的丝孔上，保证其不漏水，这样将彩灯一段一段地连接起来。然后按画出的安装位置线就位，用镀锌金属管卡将其固定，固定位置是距灯位边缘 100 mm 的地方，每管设一卡就可以了。固定用的螺栓可采用塑料胀管或镀锌金属胀管螺栓。不得打入木楔或用木螺钉固定，容易松动脱落。 （4）彩灯装置的配管本身也可以不进行固定，但要固定彩灯灯具底座。在彩灯灯座的底部原有圆孔部位的两侧，顺线路的方向开一长孔，以便安装时进行固定位置的调整和管路热胀冷缩时有自然调整的余地，如图 3-9 所示。 （5）彩灯穿管导线应使用橡胶铜导线敷设。 （6）彩灯装置的钢管应与避雷带（网）进行连接，并应在建筑物上部将彩灯线路线芯与接地管路之间接以避雷器或放电间隙，借以控制放电部位，减少线路损失。 （7）垂直彩灯的安装。较高的主体建筑，一般采用悬挂方法，安装较方便。但对于不高的楼房、塔楼、水箱间等垂直墙面也可采用镀锌管沿墙垂直敷设的方法。 （8）彩灯悬挂敷设要制作悬具，悬具制作较繁复，主要材料是钢丝绳、拉紧螺栓及其附件，导线和彩灯设在悬具上。彩灯是防水灯头和彩色白炽灯泡。 （9）悬挂式彩灯多用于建筑物四角无法固定装设的部位。采用防水吊线灯头连同线路一起悬挂于钢丝绳上，悬挂式彩灯导线应采用绝缘强度不低于 500 V 的橡胶铜导线，截面不应小于 4 mm²。灯头线与干线的连接应牢固，绝缘包扎紧密。导线所承受灯具的重力不应超过该导线的允许机械强度，如图 3-10 所示，灯的间距一般为 700 mm，距地面 3 m 以下的位置上不允许装设灯头。 （10）彩灯安装示意图及垂直顶部彩灯安装，如图 3-11 所示

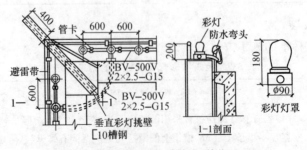

图 3-9　固定式彩灯装置做法（单位：mm）

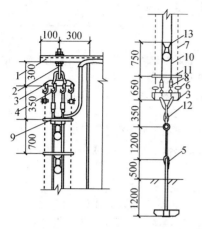

图 3-10　垂直彩灯安装做法(单位：mm)

1—角钢；2—拉索；3—拉板；4—拉钩；5—地锚环；

6—钢丝绳扎头；7—钢丝绳；8—绝缘子；9—绑扎线；

10—铜导线；11—硬塑管；12—花篮螺钉；13—接头

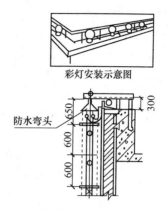

彩灯安装示意图

图 3-11　垂直顶部采灯安装示意图

(单位：mm)

质量问题

彩灯安装时未进行接地保护

质量问题表现

(1)彩灯灯座短路。

(2)彩灯掉落,砸伤行人。

质量问题原因

(1)没有采用防水吊线灯头。

(2)室外垂直装设的彩灯,受外界多种因素的影响,对悬挂装置的强度有一定要求,当悬挂装置不牢固时,则易发生彩灯掉落,甚至砸伤行人。

质量问题预防

为防止出现彩灯灯座短路等问题的出现,可参见表 3-9 的相关内容。

3. 航空障碍标志灯安装

航空障碍标志灯安装标准的施工方法见表 3-10。

表 3-10　航空障碍标志灯安装标准的施工方法

项　　目	内　　容
安装要点	(1)障碍标志灯的水平、垂直距离不宜大于 45 m。 (2)障碍标志灯应装设在建筑物或构筑物的最高部位。当制高点平面面积较大或为建筑群时,除在最高端装设外,还应在其外侧转角的顶端分别设置。 (3)在烟囱顶上设置障碍标志灯时宜将其安装在低于烟囱口 1.5～3 m 的部位并成三角水平排列。

项　目	内　容
安装要点	(4)障碍标志灯宜采用自动通断其电源的控制装置,其设置应有更换光源的措施。 (5)低光强障碍标志灯(距地面 60 m 以下装设时采用)应为恒定光强的红色灯,其有效光强应大于 1 600 cd。高光强障碍标志灯(距地面 150 m 以上装设时采用),应为白色光,其有效光强随背景亮度而定。 (6)障碍标志灯电源应按主体建筑中最高负荷等级要求供电
标志灯安装	(1)障碍标志灯电源应按主体建筑中最高负荷等级要求供电,且宜采用自动通断其电源的控制装置。 (2)障碍标志灯的启闭一般可使用露天安放的光电自动控制器进行控制,其以室外自然环境照度为参量来控制光电元件的动作启闭障碍标志灯,也可以通过建筑物的管理电脑,以时间程序来启闭障碍标志灯。为了有可靠的供电电源,两路电源的切换最好在障碍标志灯控制盘处进行。 (3)航空障碍标志灯接线系统图,如图 3-12 所示。由图可知,该接线系统采用双电源供电,电源自动切换,每处装两只灯,由室外光电控制器控制灯的启闭。也可由大厦管理电脑按时间程序控制启闭。 (4)屋顶障碍标志灯安装大样,如图 3-13 所示。安装金属支架一定要与建筑物避雷装置进行焊接。障碍灯的安装,如图 3-14 所示

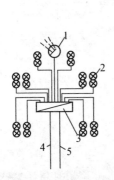

图 3-12　障碍标志灯接线系统图

1—光电控制器;2—障碍灯;3—电源切换箱;

4—市电;5—应急电源

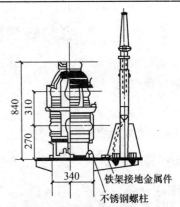

图 3-13　障碍标志灯安装大样示例(单位:mm)

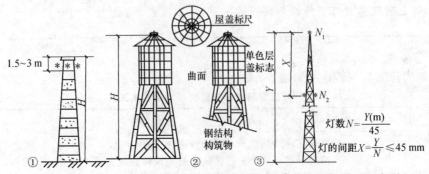

(a)装设举例:H<45 m 时如图①、②所示,更高的构筑物如图③所示,要在中间增添障碍灯

图　3-14

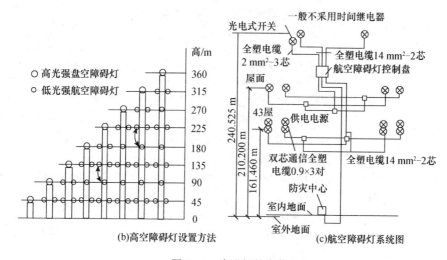

(b)高空障碍灯设置方法　　　　(c)航空障碍灯系统图

图 3-14　障碍灯的安装

质量问题

航空障碍标志灯自动通断控制装置动作不可靠

质量问题表现

(1)航空障碍标志灯有损时,不能及时进行修理、更换。

(2)航空障碍标志灯不亮。

(3)航空障碍标志灯掉落,砸伤行人。

质量问题原因

施工人员缺乏施工经验,未严格按施工规范要求进行施工。

(1)航空障碍标志灯未设置维修和更换电源的措施。

(2)航空障碍标志灯未按主体建筑中最高负荷等级要求供电,自动通断控制装置动作不可靠。

(3)航空障碍标志灯安装不牢固。

质量问题预防

障碍标志灯应装设在建筑物或构筑物的最高部位。当制高点平面面积较大或为建筑群时,除在最高端装设外,还应在其外侧转角的顶端分别设置。由于不方便维护和更换光源,所以要由建筑设计提供专门措施,如可活动的专用平台等。障碍标志灯宜采用自动通断其电源的控制装置,其设置应有更换光源的措施。其他内容,可参见表 3-10 的相关内容。

4. 庭院灯安装

庭院灯安装标准的施工方法见表 3-11。

表 3-11　庭院灯安装标准的施工方法

项　目	内　容
安装要点	(1)每套灯具的导电部位对地绝缘电阻值大于 2 MΩ。 (2)立柱式路灯、落地式路灯、特种庭院灯等灯具与基础固定可靠,地脚螺栓备帽齐全。灯具的接线盒或熔断器盒,盒盖的防水密封垫完整。 (3)金属立柱及灯具可接近裸露导体接地(PE)或接零(PEN),接地线单设干线,干线沿庭院灯布置位置形成环网状,且不少于两处与接地装置引出线连接。由干线引出的支线与金属灯柱及接地端子连接,且有标志。 (4)灯具的自动通、断电源控制装置动作准确,每套灯具熔断器盒内熔丝齐全,规格与灯具适配。 (5)架空线路电杆上的路灯,固定可靠,紧固件齐全、拧紧,灯位正确;每套灯具配有熔断器保护
庭院灯安装	(1)灯架、灯具安装。 1)按设计要求测出灯具(灯架)安装高度,在电杆上画出标记。 2)将灯架、灯具吊上电杆(较重的灯架、灯具可使用滑轮,大绳吊上电杆),穿好抱箍或螺栓,按设计要求找好照射角度,调好平整度后,将灯架紧固好。 3)成排安装的灯具其仰角应保持一致,排列整齐。 (2)配接引下线。 1)将针式绝缘子固定在灯架上,将导线的一端在绝缘子上绑好回头,并分别与灯头线、熔断器进行连接。将接头用橡胶布和黑胶布半幅重叠各包扎一层。然后,将导线的另一端拉紧,并与路灯干线背扣后进行缠绕连接。 2)每套灯具的相线应装有熔断器,且相线应接螺口灯头的中心端子。 3)引下线与路灯干线连接点距杆中心应为 400~600 mm,且两侧对称一致。 4)引下线凌空段不应有接头,长度不应超过 4 m,超过时应加装固定点或使用钢管引线。 5)导线进出灯架处应套软塑料管,并做防水弯。 (3)试灯。全部安装工作完毕后,送电、试灯,并进一步调整灯具的照射角度

质量问题

庭院灯发生短路故障不能自动切断电路

质量问题表现

(1)每套灯具发生短路故障不能自动切断电路。
(2)个别灯具移位或更换使其他灯具失去接地保护作用,发生人身安全事故。
(3)不能根据自然光的亮度自动启闭。
(4)安装歪斜,安装接线后不安装盒盖。

质量问题原因

(1)未装熔断器。

质量问题

（2）庭院灯的金属立柱，灯具的接地支线串有关连接。

（3）庭院灯具的自动通断电源控制装置动作不准确。

（4）基础底座与灯具底座不吻合，施工人员缺乏施工经验。

质量问题预防

（1）架空线路电杆上的路灯，固定可靠，紧固件齐全、拧紧，灯位正确；每套灯具配有熔断器保护，从而保证每套灯具发生短路故障能自动切断电路。每套灯具熔断器盒内熔丝齐全，规格与灯具适配。

（2）金属立柱及灯具可接近裸露导体接地（PE）或接零（PEN）可靠，接地线单设干线，下线沿庭院灯布置位置形成环网状，且不少于2处与接地装置引出线连接。由干线引出支线与金属灯柱及灯具的接地端子连接，且有标识。

（3）一般情况下，为了节约用电，庭院灯根据自然光的亮度自动启闭，即天亮后庭院灯自动关闭，天黑后自动开启，因此应进行调试。

（4）庭院灯安装时，要首先做好基础底座，保证基础底座与灯具底座相吻合，不得歪斜要垂直。用线锤或靠尺检查其垂直度，用平垫圈、弹簧垫圈固定可靠，如图3-15所示。

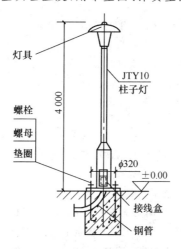

图3-15　庭院灯安装（单位：mm）

路灯照明器安装的高度和纵向间距是道路照明设计中需要确定的重要数据。参考数据见表3-12的规定。

表3-12　路灯安装高度　　　　　　　　　（单位：mm）

灯具	安装高度
125～250 W 荧光高压汞灯	≥5
250～400 W 高压钠灯	≥6
60～100 W 白炽灯或 50～80 W 荧光高压汞灯	≥4～6

5. 通电试运行

通电试运行的标准施工方法见表 3-13。

表 3-13　通电试运行的标准施工方法

项　　目	内　　容
通电试运行前检查	(1)复查总电源开关至各照明回路进线电源开关接线是否正确。 (2)照明配电箱及回路标志应正确一致。 (3)检查漏电保护器接线是否正确,严格区分工作零线(N)与专用保护零线(PE),专用保护零线严禁接入漏电开关。 (4)检查开关箱内各接线端子连接是否正确可靠。 (5)断开各回路分电源开关,合上总进线开关,检查漏电测试按钮是否灵敏有效
通电试运行的程序	建筑物照明系统的测试和通电试运行应按以下程序进行: (1)电线绝缘电阻测试前电线的接续完成; (2)照明箱(盘)、灯具、开关、插座的绝缘电阻测试在就位前或接线前完成; (3)备用电源或事故照明电源做空载自动投切试验前拆除负荷,空载自动投切试验合格,才能做有载自动投切试验; (4)电气器具及线路绝缘电阻测试合格,才能通电试验; (5)照明全负荷试验必须在上列第(1)、(2)、(4)项完成后进行
分回路试通电	(1)将各回路灯具等用电设备开关全部置于断开位置。 (2)逐次合上各分回路电源开关。 (3)分回路逐次合上灯具等的控制开关,检查开关与灯具控制顺序是否对应、风扇的转向及调速开关是否正常。 (4)用试电笔检查各插座相序连接是否正确,带开关插座的开关是否能正确关断相线
照明系统的通电试运行	照明系统在通电试运行时,所有照明灯具均应开启,且每 2 h 记录运行状态 1 次,连续试运行时间内无故障。 (1)公用建筑通电试运行。 1)公用建筑照明系统通电连续试运行时间应为 24 h。 2)大型公用建筑的照明工程负荷大、灯具众多,且本身要求可靠性严,所以要做连续试验,以检查整个照明工程的发热稳定性和安全性。 (2)民用建筑通电试运行。 1)民用建筑也要通电试运行以检查线路和灯具的可靠性和安全性,但由于容量与大型公用建筑相比要小,故而通电时间较短。 2)民用住宅照明系统通电连接试运行时间应为 8 h

第四节　开关、插座、风扇安装

一、施工质量验收标准

开关、插座、风扇安装的质量验收标准见表 3-14。

表 3-14　开关、插座、风扇安装的质量验收标准

项　目	内　　容
主控项目	（1）当交流、直流或不同电压等级的插座安装在同一场所时,应有明显的区别,且必须选择不同结构、不同规格和不能互换的插座;配套的插头应按交流、直流或不同电压等级区别使用。 （2）插座接线的规定。 1）单相两孔插座。面对插座的右孔或上孔与相线连接。左孔或下孔与零线连接;单相三孔插座,面对插座的右孔与相线连接,左孔与零线连接。 2）单相三孔、三相四孔及三相五孔插座的接地（PE）或接零（PEN）线接在上孔。插座的接地端子不与零线端子连接。同一场所的三相插座,接线的相序一致。 3）接地（PE）或接零（PEN）线在插座间不串联连接。 （3）特殊情况下插座安装的规定。 1）当接插有触电危险的电源时,采用能断开电源的带开关插座,开关断开相线。 2）潮湿场所采用密封型并带保护地线触头的保护型插座,安装高度不低于 1.5 m。 （4）照明开关安装的规定。 1）同一建筑物、构筑物的开关采用同一系列的产品,开关的通断位置一致,操作灵活、接触可靠。 2）相线经开关控制,民用住宅无软线引至床边的床头开关。 （5）吊扇安装的规定。 1）吊扇挂钩安装牢固,吊扇挂钩的直径不小于吊扇挂销直径,且不小于8 mm;有防震橡胶垫;挂销的防松零件齐全、可靠。 2）吊扇扇叶距地高度不小于 2.5 m。 3）吊扇组装不改变扇叶角度,扇叶固定螺栓防松零件齐全。 4）吊杆间、吊杆与电机间螺纹连接,啮合长度不小于 20 mm,且防松零件齐全紧固。 5）吊扇接线正确,当运转时扇叶无明显颤动和异常声响。 （6）壁扇安装的规定。 1）壁扇底座采用尼龙塞或膨胀螺栓固定;尼龙塞或膨胀螺栓的数量不少于 2 个,且直径不小于 8 mm。固定牢固可靠。 2）壁扇防护罩扣紧,固定可靠,当运转时扇叶和防护罩无明显颤动和异常声响
一般项目	（1）插座安装的规定。 1）当不采用安全型插座时,托儿所、幼儿园及小学等儿童活动场所安装高度不小于 1.8 m。 2）暗装的插座面板紧贴墙面,四周无缝隙,安装牢固,表面光滑整洁、无碎裂、划伤,装饰帽齐全。 3）车间及试（实）验室的插座安装高度距地面不小于 0.3 m;特殊场所暗装的插座不小于 0.15 m;同一室内插座安装高度一致。 4）地插座面板与地面齐平或紧贴地面,盖板固定牢固,密封良好。 （2）照明开关安装的规定。 1）开关安装位置便于操作,开关边缘距门框边缘的距离为 0.15～0.2 m,开关距地面高度为 1.3 m;拉线开关距地面高度为 2～3 m,层高小于 3 m 时,拉线开关距顶板不小于 100 m,拉线出口垂直向下。

项　目	内　容
一般项目	2)相同型号并列安装及同一室内开关安装高度一致,且控制有序不错位。并列安装的拉线开关的相邻间距不小于 20 mm。 3)暗装的开关面板应紧贴墙面,四周无缝隙,安装牢固,表面光滑整洁、无碎裂、划伤,装饰帽齐全。 (3)吊扇安装的规定。 1)涂层完整,表面无划痕、无污染,吊杆上下扣碗安装牢固到位。 2)同一室内并列安装的吊扇开关高度一致,且控制有序不错位。 (4)壁扇安装的规定。 1)壁扇下侧边缘距地面高度不小于 1.8 m。 2)涂层完整,表面无划痕、无污染,防护罩无变形

二、标准的施工方法

开关、插座、风扇安装标准的施工方法见表 3-15。

表 3-15　开关、插座、风扇安装标准的施工方法

项　目	内　容
清理	(1)用錾子轻轻地将盒子内残存的灰块剔掉,同时将其他杂物一并清出盒外,再用湿布将盒内灰尘擦净。 (2)金属盒内表面如锈蚀,应除锈后及时涂刷两遍防锈漆;盒内预留的导线如被污染应清理干净(勿损伤导线绝缘层)
接线	(1)开关接线。 1)同一场所的开关切断位置应一致,且操作灵活。接点接触可靠。 2)电器、灯具的相线应经开关控制;民用住宅无软线引至床边的床头开关。 3)双联以上单控开关的相线不应套(串)接。 4)电线绝缘电阻测试应合格,并有绝缘电阻测试记录。 (2)插座接线。 1)单相两孔插座有横装和竖装两种。横装时,面对插座的右孔接相线,左孔接零线;竖装时,面对插座的上孔接相线,下孔接零线,如图 3-16 中(a)和图(b)所示。 2)单相三孔、三相四孔及三相五孔的接地(PE)或接零(PEN)线均应接在插座的上孔,插座的接地端子不与零线端子连接,同一场所的三相插座接线的相序及导线的颜色应一致,如图 3-16(c)、(d)所示。 3)交、直流或不同电压的插座安装在同一场所时,应有明显的区别,且其插头与插座配套,均不能互相代用。 4)接地(PE)或接零(PEN)线在插座间不得串联连接。 5)电线绝缘电阻测试应合格,并有绝缘电阻测试记录
开关、插座安装准备	(1)先将盒内甩出的导线留出维修长度,削去绝缘层,注意不要伤及线芯。 (2)将导线按顺时针方向盘绕在开关、插座相对应的接线端子上,然后旋紧压头。

续上表

项　目	内　容
开关、插座安装准备	（3）如果是独芯导线，可将线芯直接插入接线孔内；当孔径大于线径 2 倍时，应弯回头插入，再用顶丝压紧。注意线芯不得外露
开关安装	（1）拉线开关距地面的高度一般为 2～3 m，且拉线的出口应垂直向下。层高小于 3 m 时，距顶板不小于 100 mm；距门口为 150～200 mm。 （2）翘把开关距地面的高度为 1.3 m（或按施工图纸要求），距门口为 150～200 mm；开关不得置于单扇门后面。 （3）暗装开关的面板应端正，紧贴墙面，四周无缝隙，安装牢固，表面光滑，无碎裂、划伤，装饰帽齐全。 （4）开关位置应与控制灯位相对应，同一场所内开关方向应一致。 （5）开关的安装位置应便于操作，同一建筑物内开关边缘距门框（套）的距离宜为 0.15～0.2 m。 （6）同一室内安装相同规格、相同标高的开关高度差不宜大于 5 mm；并列安装相同规格的开关高度差不宜大于 1 mm；并列安装不同规格的开关底边宜平齐；并列安装的拉线开关相邻间距不应小于 20 mm。 （7）当设计无要求时，开关的安装高度应符合下列要求： 　1）开关面板地板距地面高度宜为 1.3～1.4 m； 　2）拉线开关底边距地面的高度宜为 2～3 m，距顶板的高度不宜小于 0.1 m，且拉线出口应垂直向下； 　3）无障碍场所所安装的开关底边应距地面高度宜为 0.9～1.1 m； 　4）老年人生活场所安装的开关宜选用宽板按键开关，且开关底板距地面的高度宜为 1.0～1.2 m。 （8）暗装的开关面板应紧贴墙面或装饰面，四周应无缝隙，安装应牢固，表面应光滑整洁、无碎裂、划伤，装饰帽（板）齐全；接线盒安装到位，接线盒内干净整洁，无锈蚀。安装在装饰面上的开关，其电线不到裸露在装饰层内。 （9）多尘、潮湿场所和户外应选用密封防水型开关。 （10）在易燃、易爆和特别潮湿的场所，开关应分别采用防爆型、密闭型，或设计安装在其他处所进行控制。 （11）民用住宅严禁装设床头开关
插座安装	（1）当住宅、幼儿园及小学等儿童活动场所电源插座底边距地面高度小于 1.8 m 时，必须选用安全型插座。 （2）当设计无要求时，插座底边距地面高度不宜小于 0.3 m；无障碍场所插座底边距地面高度宜为 0.4 m；老年人专用的生活场所插座底边距地面高度宜为 0.7～0.8 m。 （3）暗装的插座面板紧贴墙面或装饰面，四周无缝隙，安装应牢固，表面光滑整洁、无碎裂、划伤，装饰帽（板）齐全；接线盒应安装到位，接线盒内干净整洁，无锈蚀。暗装在装饰面上的插座，电线不得裸露在装饰层内。 （4）地面插座应紧贴地面，盖板固定牢固，密封良好。地面插座应用配套接线盒。插座接线盒内应干净整洁，无锈蚀。 （5）同一室内相同标高的插座高度差不宜大于 5 mm；并列安装相同型号的插座高度差不宜大于 1 mm。

续上表

项　目	内　容
插座安装	(6)应急电源插座应有标志。 (7)当设计无要求时,有触电危险的家用电器和频繁插拔的电源插座,宜选用能断开电源的带开关的插座,开关断开相线;插座回路应设置剩余电流动作保护装置;每一回路插座数量不宜超过 10 个;用于计算机电源的插座数量不宜超过 5 个(组),并应采用 A 型剩余电流动作保护装置;潮湿场所应采用防溅型插座,其安装高度不应低于 1.5 m
暗装开关、插座	(1)按接线要求,将盒内甩出的导线与开关、插座的面板相应的接线端子连接好。 (2)将开关或插座推入盒内,如果盒子距墙面大于 20 mm 时,应加装同材质的套盒,套盒与原盒连接可靠。 (3)对正盒眼,用机螺钉固定牢固。固定时要使面板端正,并与墙面齐平
明装开关、插座	(1)将从盒内甩出的导线由绝缘台的出线孔中穿出,再将绝缘台(塑料或木台)紧贴于墙面,用螺钉固定在盒子或木砖上;如果是明配线,绝缘台上的隐线槽应先顺对导线方向,再用螺钉固定牢固。 (2)绝缘台固定后,将甩出相线、地(零)线按各自的位置从开关、插座的孔中穿出,按接线要求将导线压牢
吊扇安装	吊扇安装见表 3-16

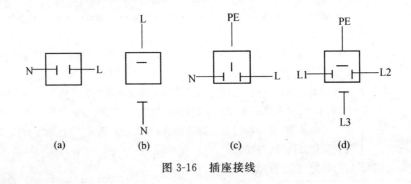

图 3-16　插座接线

质量问题

开关、插座安装缺陷

质量问题表现

(1)金属盒子生锈腐蚀,插座盒内不干净有灰渣,盒子口抹灰不齐整。

(2)安装圆木或盖板后,四周墙面仍有损坏残缺。

(3)暗开关、插座芯安装不牢固;安装好的暗开关板、插座盖板被喷浆弄脏。

(4)接通电源后,发生短路。

质量问题

质量问题原因

(1)各种铁制暗盒子,出厂时没有做好防锈处理。

(2)抹灰时,只注意大面积的平直,忽视盒子口的修整,抹罩面的白灰膏时仍未加以修整,待喷浆时再修补,由于墙面已干结,造成粘结不牢并脱落。

(3)没有喷浆就先安装电器灯具,工序颠倒使开关板、插座板、电器具被喷浆弄脏。

(4)插座接线孔的排列顺序不符合规定。

质量问题预防

(1)在安装开关、插座时,应先扫清盒内灰渣脏土。

(2)安装铁盒如出现锈迹,应再补刷1次防锈漆,以确保质量。

(3)制作铁开关、灯头盒、接线盒,应先焊好接地线,然后全部进行镀锌。

(4)各种箱、盒的口边最好用水泥砂浆抹口。如箱子进墙面较深时,可在箱口和贴脸(门头线)之间嵌上木条,或抹水泥砂浆补齐,使贴脸与墙面平整。对于暗开关、插座盒子,较深入墙面内的应采取其他补救措施。常用的办法是垫上弓子(即以 1.2~1.6 mm 的铅丝绕一长弹簧),然后根据盒子不同深度,不同需要,随用随剪;弓子如图 3-17 所示。

(5)装修进行到墙面、顶板喷浆完毕后,才能安装电气设备,工序绝对不能颠倒。如因工期紧,又不受喷浆时间限制,可以在开关、插座装好后,先临时盖上一自制铁盖(图 3-18),其规格应比正式胶木盖板小一圈,直到装修全部完成后,拆下临时铁盖,安装正式盖板。

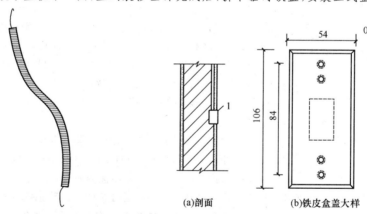

图 3-17　暗装插座、开关垫弓子用的长弹簧

图 3-18　临时铁皮盖(单位:mm)
1—盒盖;2—做开关盒盖,应凸出

表 3-16　吊扇安装

项　目	内　容
对吊钩的要求	吊扇的挂钩不应小于悬挂销钉的直径,且不得小于 8 mm,预埋混凝土中的挂钩应与主筋焊接。如无条件焊接时,可将挂钩末端部分弯曲后与主筋绑扎,固定牢

续上表

项　目	内　容
对吊钩的要求	固。吊钩挂上吊扇后，一定要使吊扇的重心和吊钩的直线部分处在同一条直线上，如图 3-19 所示。 　　吊钩伸出建筑物的长度应以盖上风扇吊杆护罩后，能将整个吊钩全部遮没为宜
吊扇安装要求	(1)吊杆上的悬挂销钉必须装设防震橡胶垫及防松装置。 　　(2)扇叶距地面高度不应低于 2.5 m。 　　(3)吊扇的组装应符合下列要求： 　　1)严禁改变扇叶角度； 　　2)扇叶的固定螺栓应有防松装置； 　　3)吊杆之间、吊杆与电机之间螺纹连接，啮合长度不得小于 20 mm，且必须有防松装置
在木结构梁上安装	木梁有圆形和方形截面梁。在圆梁上安装吊钩时，吊钩要对准梁的中心；在方梁上，吊钩要尽量装在梁的中间位置。如需要偏装，轻型吊钩与梁的边缘距离不得小于 10 mm，重型吊钩与梁的边缘距离不得小于 25 mm
在现浇混凝土楼板（梁）上安装	吊钩应采用预埋的施工方法，一般采用圆钢(T 形或 r 形)。预埋时将圆钢的上端横挡绑扎在楼板或潮钢筋上，待模板拆除后，用气焊把圆钢露出部分加热弯成吊钩(加热时，应将薄钢板与混凝土楼板隔离，防止污染顶棚或烤坏楼板)，如图 3-20 所示。 　　在制作 T 形圆钢时，需特别注意焊接方法，如图 3-21 所示
在空心或槽形混凝土预制楼板上安装	安装所用吊钩，宜先预制好，采用预埋的方式，其方法有两种。 　　(1)预埋在两块预制板的接缝中。当铺好预制板楼面，做水泥地坪前，把 T 形圆钢的横挡跨在两块预制板上，等水泥地坪做好后就可以固定在水泥地坪内。 　　(2)在所需安装部位，将预制板凿一个洞，在洞的上方横置一根圆钢做横挡，再把吊钩的上部做成一个挂钩钩在横挡上，横挡可以和预埋的电线管绑扎或焊接在一起，如图 3-22 所示。 　　(3)空心楼板吊扇安装。测量空心楼板的孔径 d，按此制作一块中间套有螺纹的 8～10 mm 厚的钢板，其长度 A 可以自定，宽度取 $3d/5$。然后在空心楼板有孔的部位凿一条比钢板厚度稍大的缝，使钢板能侧向置入即可。再将钢板侧着由此缝塞进预制板的孔洞内，让长度的方向顺孔道方向放置，把钢板的螺孔调整到能旋入螺钉的位置。最后把螺母、弹簧垫圈、垫圈依次旋套在吊钩上，把吊钩拧进空心板内的钢板螺孔内，插进 Ⅱ 形座板，拧紧螺母即可，如图 3-23 所示
在混凝土梁上安装	该种安装可采用钢吊架方法。钢吊架可用两根扁钢(或角钢)或用两根 $\phi15$ 的钢管，其中一根与梁宽相同，焊有吊攀，如图 3-24 所示，装在吊架的下面；另一根比梁宽窄 10 mm，装在紧靠梁的下面。这两根钢管用穿心螺栓固定于吊架上面，吊架用两个螺钉固定在梁的下方。 　　这种方法是依靠中间螺钉上的螺母拧紧，把吊架紧箍在梁上，所以在梁上打洞的深度必须长于螺钉

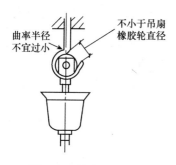

图 3-19 吊扇吊钩安装

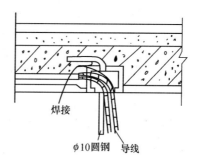

图 3-20 现浇楼板预制吊扇钩安装

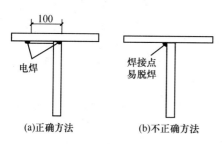

图 3-21 T 形圆钢焊接方法(单位:mm)

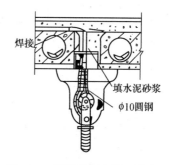

图 3-22 预制楼板中预埋吊扇钩

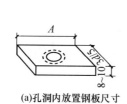

(a)孔洞内放置钢板尺寸

(b)埋设吊钩方法

图 3-23 空心楼板施工完成后设置风扇吊钩方法(单位:mm)
1—混凝土空心楼板;2—钢板;3—Ⅱ形座板;4—垫圈;5—吊钩

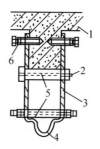

图 3-24 在混凝土梁上安装吊扇方法
1—梁;2—穿心螺栓;3—吊杆(扁钢或角钢);4—吊攀;5—钢管;6—防松螺母

质量问题

吊扇调速器不能调速

质量问题表现

吊扇调速器调速失灵。

质量问题原因

(1)调速器在某个挡位以后的各挡上均不能工作。如果在最高速"1"挡上能工作,其余各挡均不工作,则断线处在"1"与"2"挡之间的线圈中,因此在从"2"挡以后的各挡均不能工作。

(2)挡位开关上的定触片松动发生位移,使某些挡位不能有效接触,导致操作失灵。

质量问题预防

(1)如果断线处在各段绕组的引出线处或引出线脱焊,重新接好焊牢即可;如果断线处在绕组内时,应更换电抗器。

(2)重新更换铆钉并加以固定,也可将定触片复位后用树脂胶粘接。

质量问题

吊扇定子与转子间出现噪声

质量问题表现

吊扇定子与转子摩擦。

质量问题原因

(1)铁芯变形。

(2)轴承内、外磨损过大,使上盖、轴承室与转子三者之间的不同心底超过允许值。

质量问题预防

(1)若是转子铁芯变形,可在车床上将转子铁芯外径车小 0.2~0.3 mm,

(2)更换轴承。

(3)如果轴承室内孔磨损程度不严重,可更换相同型号外径稍大些的新轴承;如果轴承室内孔磨损严重,可将轴承室内径车大 4 mm,另车一个尺寸合适的铁套(或铜套),然后将轴承室加热至 200℃~300℃,趁热将轴承和铁套(或铜套)一起压入轴承室内,但应保证它们之间的紧密配合和同心度。

质量问题

吊扇调速器调速不正常

质量问题表现

吊扇低速挡速度过快。

质量问题原因

(1)调速器与电动机不匹配或不是原配电抗器,使电抗器压降比例不足。
(2)定子绕组匝数绕得过少或定子绕组匝间短路。
(3)调速器绕组匝数过少或匝间短路或抽头匝数抽错。
(4)风叶角度太小,负荷小。

质量问题预防

(1)可调换调速器,最好使用合适的电子无级调速器,可使风量调节自如。
(2)检查更换定子绕组。
(3)检查更换调速器。
(4)在叶脚处垫上垫圈,增大风叶扭角,使吃风量增大。必要时换上足够长的螺钉拧紧。

质量问题

吊扇运转时发生掉落

质量问题表现

吊扇运转时摆动大。

质量问题原因

(1)扇头和风叶不平衡。
(2)吊扇的三片扇叶曲面不一,再加上三片叶脚角度不一致,使风扇运转时吃风量不一样而导致风扇运转时摆动。

质量问题预防

(1)拆下风扇,检查叶脚螺钉及弹簧垫圈是否齐全,并紧固螺钉;拆下风叶,互换风叶位置,使不平衡量互相抵消,然后看风叶运转时的摆动是否有所改善。
(2)拆下叶脚叶片,将叶脚叶片分别叠在一起,看三片叶形是否一致,然后将风叶和叶脚深浅搭配重新装好,也可在叶脚下垫垫片来调整风叶角度。

第五节 建筑物照明通电试运行

一、施工质量验收标准

建筑物照明通电试运行的质量验收标准见表 3-17。

表 3-17 建筑物照明通电试运行的质量验收标准

项　　目	内　　容
照明系统通电	照明系统通电,灯具回路控制应与照明配电箱及回路的标志一致;开关与灯具控制顺序相对应,风扇的转向及调速开关应正常
试运行	公用建筑照明系统通电连续试运行时间应为 24 h,民用住宅照明系统通电连续试运行时间应为 8 h。所有照明灯具均应开启,且每 2 h 记录运行状态 1 次,连续试运行时间内无故障

二、标准的施工方法

建筑物照明通电试运行标准的施工方法见表 3-18。

表 3-18 建筑物照明通电试运行标准的施工方法

项　　目	内　　容
准备工作	送电前,应认真核对电器设备、线缆、配电设备的规格型号是否符合图纸及变更洽商,准备好必要的计量检测器具和消防器材,确认各级开关处于断开状态,配电箱(柜)内清理干净
送电时的要求	(1)送电时应有统一指挥,严格遵守安全用电的各项规章制度和劳动制度,所有参与试运行的专业人员应具有相应的资质。 (2)应有专项(送电)技术交底和应急处理措施,职责、岗位落实到人。必要时悬挂警示标志。 (3)送电时,应从总开关往下逐级送电,直至末端,断电时顺序相反。应开启所有照明灯具。 (4)灯具回路控制应与照明配电箱及回路的标志一致,开关与灯具控制顺序相对应,风扇的转向及调速开关应正常。 (5)送电过程中,电工应随时注意各种电器设备及配电设备的运行状态,如发现有异常现象应立即分级断电,检查修复,并通知施工员。 (6)试运行时注意观察三相负荷是否平衡,是否符合设计要求,发现严重不平衡情况应记录在案,随后调整;同时检查设备发热情况,发现问题,及时处理。 (7)照明系统通电连续试运行时间为:公用建筑 24 h,民用建筑 8 h
记录	应认真做好试运行记录,每 2 h 记录运行状态 1 次,并填写建筑物照明通电试运行记录,做到责任人签字齐全

避雷和接地工程

照明

第一节 接地装置安装

质量问题表现

照明电路短路,熔断器熔

火灾。

质量问题原因

(1)用电器具接线不好

(2)导线的绝缘层受

收标准见表4-1。

表 4-1 接地装置安装的质量验收标准

内 容
人工接地装置或利用建筑物基础钢筋的接地装置必须在地面以上按设计要置设测试点。
测试接地装置的接地电阻值必须符合设计要求。
避雷接地的人工接地装置的接地干线埋设,经人行通道处埋地深度不应小于且应采取均压措施或在其上方铺设卵石或沥青地面。
接地模块顶面埋深不应小于 0.6 m,接地模块间距不应小于模块长度的 3～5接地模块埋设基坑,一般为模块外形尺寸的 1.2～1.4 倍,且在开挖深度内详地层情况。
接地模块应垂直或水平就位,不应倾斜设置,保持与原土层接触良好

质量问题预防

(1)电气线路发生短

太粗,否则有可能在熔丝

(2)发生短路故障后

以线路中端断开法来确

内取中端断继续寻找,

当设计无要求时,接地装置顶面埋设深度不应小于 0.6 m。圆钢、角钢及钢管

应垂直埋入地下,间距不应小于 5 m。接地装置的焊接应采用搭接焊,搭接

合下列规定:

与扁钢搭接为扁钢宽度的 2 倍,不少于三面施焊;

与圆钢搭接为圆钢直径的 6 倍,双面施焊;

扁钢搭接为圆钢直径的 6 倍,双面施焊;

扁钢与角钢焊接,紧贴角钢外侧两面,或紧贴 3/4 钢管表面,上下

质量问题表现

照明电路断路,灯泡不亮。

质量问题原因

(1)熔丝熔断。

(2)开关触点松动,接触不良或没接通。

(3)线头松脱。

(4)导线断线。

的焊接接头外,其他均有防腐措施。

地装置的材料采用钢材,热浸镀锌处理,最小允许规格、

干线把接地模块并联焊接成一个环路,干线的材质

钢制的采用浸镀锌扁钢,引出线不少于 2 处

	类别
	地下

质量问题预防

断路,即线路中断了。断路有可能发生在相线,也可能发生在零线。若发生在零线,

线路中仍带电。因此,断路发生后,仍需断电后进行操作。

种类、规格及单位		敷设位置及使用类别			
		地上		地下	
		室内	室外	交流电流回路	直流电流回路
扁钢	截面(mm²)	60	100	100	100
	厚度(mm)	3	4	4	6
角钢厚度(mm)		2	2.5	4	6
钢管管壁厚度(mm)		2.5	2.5	3.5	4.5

二、标准的施工方法

接地装置安装标准的施工方法见表 4-3。

表 4-3　接地装置安装标准的施工方法

项　目	内　容
接地体的加工	一般按设计所提数量和规格进行加工,材料采用钢管和角钢。如用钢管时,应选用直径为 38~50 mm、壁厚不小于 3.5 mm 的钢管。然后,按设计的长度切割(一般为 2.5 m)。钢管打入地下的,一端加工成一定的形状,如为一般松软土壤时,可切成斜面形;为了避免打入时受力不均使管子歪斜,也可以加工成扁尖形;如土质很硬,可将尖端加工成锥形,如图 4-1 所示。如用角钢时,一般选用 50 mm×50 mm×5 mm 的角钢,切割长度一般也是 2.5 m。角钢的一端加工成尖头形状如图 4-2 所示。为了防止将接地钢管或角钢打劈,可用圆钢加工一种护管帽,套入接地管端,用一块短角钢(约10 cm)焊在接地角钢的一端,如图 4-3 所示
接地体安装	(1)挖沟。 1)装设接地体前,需要沿着接地体的线路先挖沟,以便打入接地体和敷设连接这些接地体的扁钢。由于地的表面层易于冰冻,冻土层使接地电阻增大,并且地表层易于被挖动。可能损坏接地装置,因此接地装置需埋于地表层以下。 2)按设计规定测出接地网的路线,在此路线上挖掘深为 0.8~1 m、宽为 0.5 m 的沟。沟上部稍宽,底部渐窄。沟底如有石子应清除。 3)挖沟时如附近有建筑物或构筑物,沟的中心线与建筑物或构筑物的基础距离不得小于 2 m。 (2)接地体的安装步骤。 1)按设计位置将接地体打在沟的中心线上,接地体露在地面上的长度约为 150~200 mm(沟深 0.8~1 m)时,可停止打入,使接地体最高点离施工完毕后的地面有 600 mm 的距离。为了降低接地体的散流电阻,两接地体间的距离大些较好。 2)敷设的管子或角钢及连接扁钢应避开其他地下管路、电缆等设施。 3)接地体顶面埋设深度应符合设计规定。当无规定时,接地体顶面埋设深度不应小于 0.6 m。角钢、钢管、铜棒、铜管等接地体应垂直配置。除接地体外,接地体引出线的垂直部分和接地装置连接(焊接)部位外侧 100 mm 范围内应做防腐处理;在做防腐处理前,表面必须除锈并去掉焊接处残留的焊药。 4)接地体的间距不宜小于其长度的 2 倍。水平接地体的间距应符合设计规定。当无设计规定时不宜小于 5 m。

续上表

项　目	内　容
接地体安装	5)接地体敷设完后的土沟其回填土内不应夹有石块和建筑垃圾等;外取的土壤不得有较强的腐蚀性;在回填土时应分层夯实。室外接地回填宜有100～300 mm高度的防沉层。在山区石质地段或电阻率较高的土质区段应在土沟中至少回填100 mm后的净土垫层,再敷设接地体,然后用净土分层夯实回填。 　6)敷设接地体时,接地体应与地面保持垂直。如果泥土很干、很硬,可浇上一些水使其疏松,以易于打入
接地线敷设	接地线敷设见表4-4
建筑物基础接地装置安装	建筑物基础接地装置安装见表4-5
人工接地体安装	人工接地体安装见表4-6

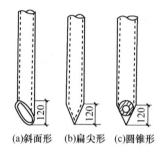

(a)斜面形　(b)扁尖形　(c)圆锥形

图4-1　接地钢管加工图(单位:mm)

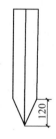

图4-2　接地角钢加工图

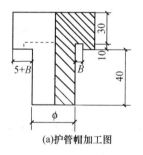

(a)护管帽加工图

(b)短角钢焊接示意图

图4-3　接地钢管和角钢的加固方法(单位:mm)

ϕ—钢管内径;B—钢管管壁厚度

表4-4　接地线敷设

项　目	内　容
接地体间的扁钢敷设	当接地体打入地中后,即可沿沟敷设扁钢,扁钢敷设位置、数量和规格按设计规定。扁钢敷设前应检查和调查,然后将扁钢放置于沟内,依次将扁钢与接地体用焊接的方法连接。扁钢应侧放而不可平放,因侧放时散流电阻较小。扁钢与钢管连接的位置距接地体最高点约100 mm,如图4-4所示。焊接时应将扁钢拉直。 　扁钢与钢管焊好后,经过检查认为接地体埋设深度、焊接质量等均符合要求时,即可将沟填平

项　目	内　容
接地干线与支线的敷设	室外接地干线与支线一般敷设在沟内。敷设前应按设计规定的位置先挖沟,沟的深度不得小于 0.5 m,宽约 0.5 m,然后将扁钢埋入。接地干线与支线的作用是将接地体与电气设备连接起来,它不起接地散流作用,因此埋设时不一定要侧放。接地干线和接地体的连接、接地支线与接地干线的连接应采用焊接。回填土应压实,但不需要打夯。接地干线、支线末端露出地面应大于0.5 m,以便接引地线。 　　室内的接地线多为明设,但一部分设备连接的支线需经过地面,也可以埋设在混凝土内。明敷设的接地线大多数是纵横敷设在墙壁上,或敷设在母线架和电缆架的构架上。敷设方法如下。 　　(1)预留孔与埋设支持件。接地扁钢沿墙壁敷设时,有时要穿过墙壁和楼板,为了保护接地线和易于检查,可在穿墙的一段加装保护套或预留孔。当土建浇制板或砌墙时,按设计的位置预留出穿接地线的孔,预留孔的大小应比敷设接地线的厚度、宽度各大出 6 mm 以上。施工时按此尺寸截一段扁钢预埋在墙壁内,当混凝土还没有凝固时抽动扁钢以便将来完全凝固后易于抽出。也可以在扁钢上包一层油毛毡或几层牛皮纸埋设在墙壁内。预留孔距墙壁表面应为 15~20 mm,以便敷设接地线时整齐美观。如用保护套时,应将保护套埋设好。保护套可用厚 1 mm 以上铁皮做成方形或圆形,大小应使接地线穿入时,每边有 6 mm 以上的空隙,其安装方式,如图 4-5 所示。 　　明敷设在墙上的接地线应分段固定,固定方法是在墙上埋设支持件,将接地扁钢固定在支持件上。图 4-6 所示的为常用的一种支持件(支持件形式一般由设计提出)。施工前,用 40 mm×4 mm 的扁钢按图所示的尺寸将件做好。为了使支持件埋设整齐,在墙壁浇捣前先埋入一块方木预留小孔,砖墙可在砌砖时直接埋入,埋设方木时应拉线或画线,孔的深度和宽度各为 50 mm,孔之间的距离(即支持件的距离)一般为 1~1.5 m;转弯部分为 1 mm。明敷设的接地线应垂直或水平敷设,当建筑物的表面为倾斜时,也可沿建筑物表面平行敷设。与地面平行的接地干线一般距地面为 200~300 mm。 　　墙壁抹灰后,即可埋设支持件,为了保证接地线全长与墙壁保持相同的距离和加快埋设速度,埋设支持件时可用一方木制成的样板施工,如图 4-7 所示。先将支持件放人孔内,然后用水泥砂浆将孔填满。其他形式支持件埋设的施工方法也基本相同。 　　(2)接地线的敷设。敷设在混凝土内的接地线,大多数是到电气设备的分支线,在土建施工时就应敷设好。敷设时应按设计将一端放在电气设备处,另一端放在距离最近的接地干线上,两端都应露出混凝土地面。露出端的位置应准确,接地线的中部可焊在钢筋上加以固定。所有电气设备都需单独地埋设接地分支线,不可将电气设备串联接地。 　　当支持件埋设完毕,水泥砂浆完全凝固以后,即可敷设墙上的接地线。将扁钢放在支持件内,不得放在支持件外。经过墙壁的地方应穿过预留孔,然后焊接固定。敷设的扁钢应事先调直,不应有明显的起伏弯曲。 　　接地线与电缆、管道交叉处以及其他有可能使接地线遭受机械损伤的地方,接地线应用钢管或角钢加以保护,否则接地线与上述设施交叉处应保持25 mm以上的距离。

续上表

项　　目	内　　容
接地干线与支线的敷设	接地线经过建筑物的伸缩缝时，如采用焊接固定，应将接地线通过伸缩缝的一段做成弧形，如图4-8所示。 （3）接地导体的焊接。 1）接地导体互相间应保证有可靠的电气连接，连接的方法一般采用焊接。 2）接地线互相间的连接及接地线与电气装置的连接，应采用搭焊。搭焊的长度：扁钢或角钢应不小于其宽度的2倍；圆钢应不小于其直径的6倍，而且应有三边以上的焊接。 3）扁钢与钢管（或角钢）焊接时，为了连接可靠，除应在其接触两侧进行焊接外，还应焊上由钢带弯成的弧形（或直角形）与钢管（或角钢）焊接；钢带距钢管（或角钢）顶部应有100 mm的距离。常用的接地导体的连接方式，如图4-9所示。 4）当利用建筑物内的钢管、钢筋及起重机轨道等自然导体作为接地导体时，连接处应保证有可靠的接触，全长不能中断。金属结构的连接处应以截面不大于100 mm²的钢带焊接起来。金属结构物之间的接头及其焊口，焊接完毕后应涂樟丹。 5）采用钢管做接地线时应有可靠的接头。在暗敷情况下或中性点接地的电网中的明敷情况下，应在钢管管接头的两侧点焊两点。 6）如接地线和伸长接地线连接时，应在靠近建筑物的进口处焊接。若接地线与管道之间的连接不能焊接时，应用卡箍连接，卡箍的接触面应镀锡，并将管子连接擦干净。管道上的水表、法兰、阀门等处应用裸铜线将其跨接

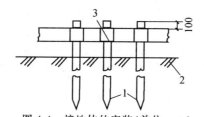

图4-4　接地体的安装（单位：mm）

1—接地体；2—地沟面；3—接地卡子焊接处

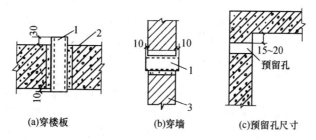

图4-5　保护套安装和预留尺寸图（单位：mm）

1—保护套；2—楼板；3—砖墙

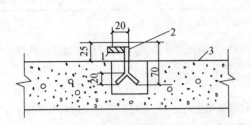
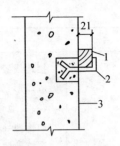

图 4-6　接地线支持件(单位:mm)
1—方木样板;2—支持件;3—墙

图 4-7　接地线支持件埋设(单位:mm)
1—方木样板;2—支持件;3—墙

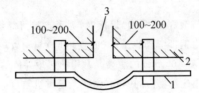

图 4-8　接地线经过伸缩缝(单位:mm)
1—接地线;2—建筑物;3—伸缩缝

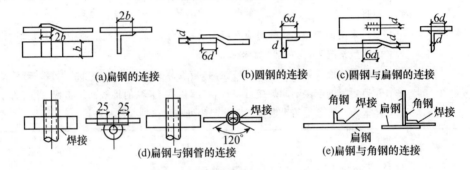

(a)扁钢的连接　　(b)圆钢的连接　　(c)圆钢与扁钢的连接

(d)扁钢与钢管的连接　　(e)扁钢与角钢的连接

图 4-9　接地导体的连接(单位:mm)

表 4-5　建筑物基础接地装置安装

项　目	内　容
建筑物基础接地装置安装基本规定	对于一些用防水水泥(铝酸盐水泥等)做成的钢筋混凝土基础,由于导电性能差,不宜独立作为接地装置。 　(1)当建筑物用金属柱子、桁架、梁等建造时,对避雷和电气装置需要建立连续电气通路而言,采用螺栓、铆钉和焊接等连接方法已足够;在金属结构单元彼此不用螺栓、铆钉或焊接法连接的地方,对电气装置应采用截面不小于100 mm²的钢材跨接焊接,而对避雷装置应采用不小于 φ8 圆钢或 4 mm×12 mm 扁钢跨接焊接。 　(2)当利用钢筋混凝土构件内的钢筋网作为避雷装置时,连续电气通路应满足以下条件: 　1)构件内主钢筋在长度方向上的连接采用焊接或用钢丝绑扎法搭接。 　2)在水平构件与垂直构件的交叉处,有一根主钢筋彼此焊接或用跨接线焊接,或有不少于两根主筋彼此用通常采用的钢丝绑扎法连接。 　3)构架内的钢筋网用钢丝绑扎或点焊。 　4)预制构件之间的连接或者按上述(1)、(2)款要求处理,或者从钢筋焊接出预埋板再做焊接连接。 　5)构件钢筋网与其他的连接(如避雷装置、电气装置等的连接)是从主筋焊接出预埋板或预留圆钢或扁钢再做连接。

续上表

项 目	内 容
建筑物基础接地装置安装基本规定	(3)当利用钢筋混凝土构件的钢筋网做电气装置的保护接地线(PE线)时,从供接地用的预埋连接板起,沿钢筋直到与接地体连接止的这一串联线上的所有连接点均采用焊接,如图4-10所示
条形基础接地体安装	(1)条形基础接地体敷设,如图4-11所示。接地体的规格可由工程设计决定,但不应小于φ12圆钢或-40 mm×4 mm扁钢。 (2)接地体与引下线之间的连接采用焊接,搭接长度为扁钢宽度的2倍或圆钢直径的6倍,圆钢应在两面焊接,扁钢至少在三面焊接,如图4-12所示。 (3)接地体在基础内敷设,使用支持器固定,支持器有圆钢支持器、扁钢支持器和混凝土支持器,如图4-13所示。支持器的间距,可由工程设计在现场确定,以能使接地体定好位置为准。 (4)条形基础内的接地体,在通过建筑物变形缝处,应在室外或室内装设弓形跨接板,做法如图4-14所示
钢筋混凝土桩基础接地体安装	桩基础接地体的构成,如图4-15所示。一般是在作为避雷引下线的柱子(或者剪力墙内钢筋做引下线)位置处,将桩基的抛头钢筋与承台梁主筋焊接,如图4-16所示,并与上面作为引下线的柱(或剪力墙)中钢筋焊接。如果每一组桩基多于4根时,只需连接其四角桩基的钢筋作为避雷接地体
独立柱基础、箱形基础接地体安装	钢筋混凝土独立柱基础接地体,如图4-17所示;钢筋混凝土箱形基础接地体,如图4-18所示;设有防潮层的基础接地体安装,如图4-19所示
钢筋混凝土板式基础接地体安装	当利用无防水层底板的钢筋混凝土板式基础做接地体时,应将柱主筋与底板的钢筋进行焊接连接,如图4-20所示。 在进行接地体安装时,当板式基础设有防水层时,应将符合规格和数量的可以用来做避雷引下线的柱内主筋,在室外自然地面以下的适当位置处,利用预埋连接板与外引的φ12或-40 mm×4 mm的镀锌圆钢或扁钢相焊接做连接线,同有防水层的钢筋混凝土板式基础的接地装置连接,如图4-21所示

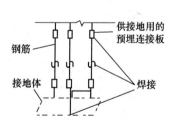

图 4-10 利用钢筋混凝土构件的钢筋网做
电气装置的保护接地线

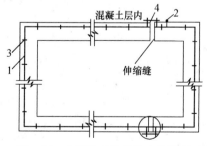

图 4-11 条形基础接地体安装平面示意图
1—接地体;2—引下线;3—支持器;4—变形缝处跨接板

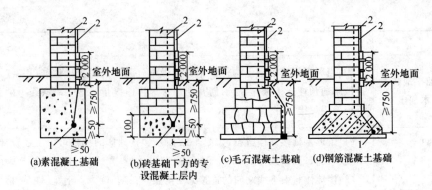

图 4-12　条形基础内接地体安装(单位:mm)

1—接地体;2—引下线

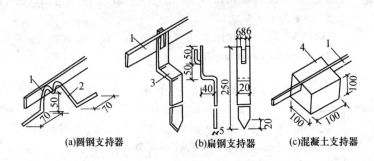

图 4-13　接地体支持器(单位:mm)

1—接地体;2—ϕ4 圆钢支持器;

3—-20 mm×5 mm 扁钢支持器;4—C20 混凝土支持器

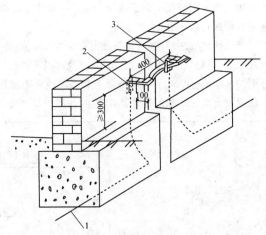

图 4-14　基础内人工接地体变形缝处做法(单位:mm)

1—圆钢人工接地体;2—25 mm×4 mm 换接件;

3—25 mm×4 mm,L=400 mm 弓形跨接板

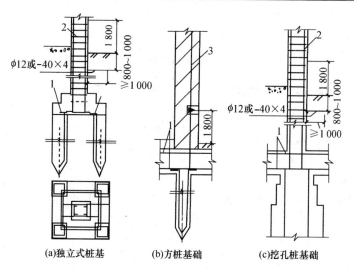

(a)独立式桩基　　(b)方桩基础　　(c)挖孔桩基础

图 4-15　钢筋混凝土桩基础接地体安装(单位:mm)

1—承台梁钢筋;2—柱主筋;3—独立引下线

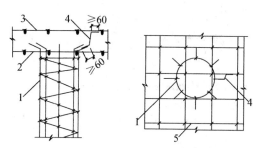

图 4-16　桩基钢筋与承台钢筋的连接(单位:mm)

1—桩基钢筋;2—承台下层钢筋;3—承台上层钢筋;

4—连接导体;5—承台钢筋

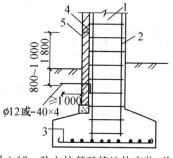

图 4-17　独立柱基础接地体安装(单位:mm)

1—现浇混凝土柱;2—柱主筋;3—基础底层钢筋网;

4—预埋连接板;5—引出连接板

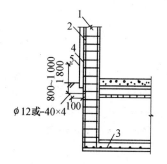

图 4-18　箱形基础接地体安装(单位:mm)

1—现浇混凝土柱;2—柱主筋;

3—基础底层钢筋网;4—预埋连接板;5—引出连接板

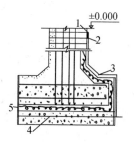

图 4-19　设有防潮层的基础接地体安装

1—柱主筋;2—连接柱筋与引下线的预埋铁件;

3—φ12圆钢引下线;4—混凝土垫层内钢筋;

5—油毡防潮层

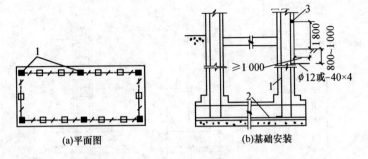

图 4-20　钢筋混凝土板式(无防水底板)基础接地体安装(单位:mm)

1—柱主筋;2—底板钢筋;3—预埋连接板

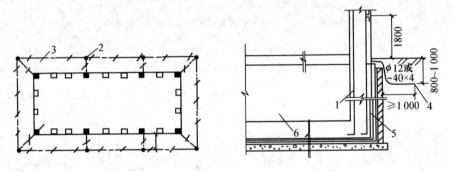

图 4-21　钢筋混凝土板式(有防水层)基础接地体安装图(单位:mm)

1—柱主筋;2—接地体;3—连接线;
4—引至接地体;5—防水层;6—基础底板

表 4-6　人工接地体安装

项　　目	内　　容
常见形式	常见形式,如图 4-22 所示
垂直接地体	(1)垂直接地体的间距在垂直接地体长度为 2.5 m 时,一般不小于 5 m。直流电力回路专用的中线、接地体以及接地线不得与自然接地体有金属连接;如无绝缘隔离装置时,相互间的距离不应小于 1 m。 (2)垂直接地体一般使用 2.5 m 长的角钢或钢管,其端部加工方法,如图 4-23 所示。埋设沟挖好后应立即安装接地体和敷设接地扁钢,以防止土方侧坍。接地体一般采用手锤将接地体垂直打入土中,如图 4-24 所示。 (3)接地体一般使用扁钢或圆钢。接地体的连接应采用焊接(搭接焊),其焊接长度必须为: 1)扁钢宽度的 2 倍(且至少有 3 个棱边焊接)。 2)圆钢直径的 6 倍。 3)圆钢与扁钢连接时,为了达到连接可靠,除应在其接触部位两侧进行焊接外,还应焊以由钢带弯成的弧形或直角形卡子,或直接由钢带本身弯成弧形(或直角形)与钢管(或角钢)焊接,如图 4-25 所示

续上表

项　目	内　容
水平接地体	（1）水平接地体多用于环绕建筑四周的联合接地，常用-40 mm×40 mm 镀锌扁钢，要求最小截面不应小于100 mm²，厚度不应小于4 mm。由于接地体垂直放置时，散流电阻较小，因此当接地体沟挖好后，应垂直敷设在地沟内（不应平放）。 （2）顶部埋设深度距地面不小于0.6 m，如图4-26所示。水平接地体的间距应符合设计规定，当无设计要求时应不小于5 m。 （3）对于沿建筑物外面四周敷设成闭合环状的水平接地体，可埋设在建筑物散水及灰土基础以外的基础槽边

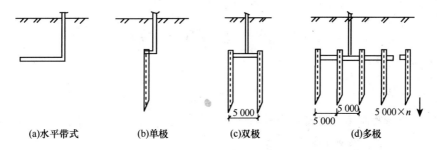

(a)水平带式　(b)单极　(c)双极　(d)多极

图 4-22　常见的几种人工接地装置（单位：mm）

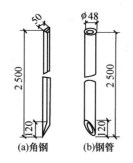

(a)角钢　(b)钢管

图 4-23　垂直接地体端部（单位：mm）

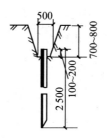

图 4-24　接地体的埋设（单位：mm）

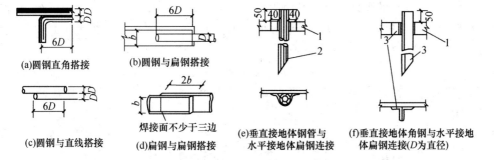

(a)圆钢直角搭接　(b)圆钢与扁钢搭接

(c)圆钢与直线搭接　(d)扁钢与扁钢搭接

(e)垂直接地体钢管与水平接地体扁钢连接

(f)垂直接地体角钢与水平接地体扁钢连接(D为直径)

图 4-25　接地体连接（单位：mm）

1—扁钢；2—钢管；3—角钢

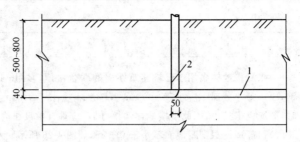

图 4-26　水平接地体安装(单位：mm)
1—接地体；2—接地线

质量问题

接地导体连接面不符合要求

质量问题表现

(1)相邻接地体间产生较大的屏蔽作用。

(2)钢管连接不可靠,有中断、未连接处。

(3)接触螺栓被振掉、振松。

质量问题原因

(1)接地体和接地线的截面积太小,接地体之间的间距不够。

(2)接地导体连接面不符合规范要求。

(3)多台电气设备的接地线采用串接连接。

(4)采用螺钉连接时接触面未经处理,造成接触不良。

(5)接地体引出线未作防腐处理。

(6)接地线涂漆粗糙。

质量问题预防

(1)施工时,对接地装置所采用的材质应周密考虑。一般情况下,接地装置宜采用钢材,在腐蚀性较强的场所,应采用热镀锌的接地体或适当加大截面。接地装置的导体截面,应满足热稳定和力学强度的要求。

(2)为了减少相邻接地体的屏蔽作用,在埋设接地体时,垂直接地体的间距不宜小于其长度的两倍,水平接地体的间距不宜小于 5 m。接地体与建筑物的距离不宜小于1.5 m。

(3)接地线和伸长接地(例如管道)相连接时,应在靠近建筑物的进口处焊接。若接地线与管道之间的连接不能焊接时,应用卡箍连接,卡箍的接触面应镀锡,并将管子连接处擦干净。管道上的水表、法兰、阀门等处应用裸线将其跨接。

质量问题

接地线相互间的连接及接地线与电气装置的连接,应采用搭焊。搭焊的长度:扁钢或角钢应不小于其宽度的 2 倍;圆钢应不小于其直径的 6 倍,而且应有三边以上的焊接。扁钢与钢管(或角钢)焊接时,为了连接可靠,除应在其接触两侧进行焊接外,并应焊上由钢带弯成的弧形(或直角形)卡子,或直接由钢带本身弯成弧形(或直角形)与钢管(或角钢)焊接。钢带距钢管(或角钢)顶部应有约 100 mm 的距离。

当利用建筑物内的钢管、钢筋及起重机轨道等自然导体作为接地导体时,连接处应保证有可靠的接触,全长不能中断。金属结构的连接处应以截面不小于 100 mm² 的钢带焊连起来,金属结构物之间的接头及其焊口,焊接完毕后应涂樟丹。

采用钢管作接地线时,应有可靠的接头。在暗敷情况下或中性点接地的电网中的明敷情况下,应与钢管管接头的两侧点焊两点。

(4)电气设备与接地线的连接一般采用焊接和螺钉连接两种。需要移动的设备(如变压器)宜采用螺钉连接。如电气设备装在金属结构上而有可靠的金属接触时,接地线或接零线可直接焊在金属构架上。

电气设备的外壳上一般都有专用接地螺钉。接地线采用螺钉连接时,应将螺钉卸下,将设备与接地线的接触面擦净至发出金属光泽,接地线端部挂上焊锡,并涂中性凡士林油。然后接入螺钉,将螺母拧紧。在有振动的地方,所有接地螺钉都须加垫弹簧圈以防振松。接地线如为扁钢,其孔眼应用手电钻或钻床钻孔,不得用气焊割孔。携带式电气设备应用携带型导线的特备线芯接地,不得用零线作接地用,零线与接地线应单独地与接地网连接。所采用的导线应是铜导线,其截面不应小于 1.5 mm²。

(5)明敷接地线应按下列规定涂上各种颜色。明敷接地线及固定零件均应涂上黑色,根据房间的装饰形式,也可以将明敷接地线涂其他颜色,但在连接处及分支线处应涂有宽 1.5 mm 的两条黑带,其间距为 150 mm。中性点的明设接地导线及扁钢应涂紫色漆,并在其上每隔 150 mm 涂以 15 mm 宽的黑漆环。1 000 V 以上电气装置的接地相的导线或扁钢,应涂上与相线相同的颜色,并带黑色条纹。黑色条纹宽 15 mm,每隔 150 mm 涂一条。上述涂用色漆应具有耐腐蚀性,并涂刷均匀平整。

质量问题

接地装置(接地线)不便识别

质量问题表现

接地装置(接地线)识别错误。

质量问题

质量问题原因

接地装置(接地线)未涂漆或涂漆颜色不对。

质量问题预防

明敷接地线涂漆应符合下列规定。

(1)涂黑漆。明敷的接地线表面应涂黑漆。如因建筑物的设计要求,需涂其他颜色,则应在连接处及分支处涂以各宽为 15 mm 的两条黑带,其间距为 150 mm,如图 4-27 所示。

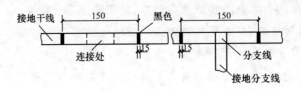

图 4-27　室内明敷接地线的涂色(单位:mm)

(2)涂紫色带黑色条纹。中性点接于接地网的明设接地导线,应涂以紫色带黑色条纹。条纹的间距未作规定,如图 4-28 所示。

图 4-28　中性点通向接地网的接地导线的涂色

(3)涂黑带。在三相四线网络中,如接有单相分支线并用其零线作接地线时,零线在分支点应涂黑色带以便识别,如图 4-29 所示。

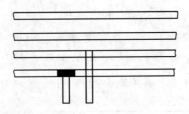

图 4-29　单相分支点涂黑带

(4)标黑色接地记号。在接地线引向建筑物内的入口处,一般应标以黑色接地记号"⊥",标在建筑物的外墙上。

(5)刷白底漆后标黑色接地记号。室内干线专门备有检修用临时接地点处,应刷白色底漆后标以黑色接地记号"⊥"。

第二节　避雷引下线敷设

一、施工质量验收标准

避雷引下线敷设的质量验收标准见表4-7。

表 4-7　避雷引下线敷设的质量验收标准

项　目	内　容
主控项目	(1)暗敷在建筑物抹灰层内的引下线应有卡钉分段固定;明敷的引下线应平直、无急弯,与支架焊接处,油漆防腐,且无遗漏。 (2)变压器室、高低压开关室内的接地干线应有不少于 2 处与接地装置引出干线连接。 (3)当利用金属构件、金属管道做接地线时,应在构件或管道与接地干线间焊接金属跨接线
一般项目	(1)钢制接地线的焊接连接应符合《建筑电气工程施工质量验收规范》(GB 50303—2002)的规定,材料采用及最小允许规格、尺寸应符合表 4-2 的规定。 (2)明敷接地引下线及室内接地干线的支持件间距应均匀,水平直线部分 0.5～1.5 m;垂直直线部分 1.5～3 m;弯曲部分 0.3～0.5 m。 (3)接地线在穿越墙壁、楼板和地坪处应加套钢管或其他坚固的保护套管,钢套管应与接地线做电气连通。 (4)变配电室内明装接地干线安装的规定。 1)便于检查,敷设位置不妨碍设备的拆卸与检修。 2)当沿建筑物墙壁水平敷设时,距地面高度 250～300 mm;与建筑物墙壁间的间隙 10～15 mm。 3)当跨越建筑物变形缝时,应设补偿装置。 4)接地干线表面沿长度方向,每段为 15～100 mm,分别涂以黄色和绿色相间的条纹。 5)变压器室、高压配电室内的接地干线应设置不少于 2 个供临时接地用的接线柱或接地螺栓。 (5)当电缆穿过零序电流互感器时,电缆头的接地线应通过零序电流互感器后接地;由电缆头至穿过零序电流互感器的一段电缆金属护层和接地线应对地绝缘。 (6)配电间隔和静止补偿装置的栅栏门及变配电室金属门铰链处的接地连接,应采用编织铜线。变配电室的避雷器应用最短的接地线与接地干线连接。 (7)设计要求接地的幕墙金属框架和建筑物的金属门窗,应就近与接地引下线连接可靠,连接处不同金属间应有防电化腐蚀措施

二、标准的施工方法

1. 避雷引下线安装

避雷引下线安装标准的施工方法见表4-8。

表 4-8　避雷引下线安装标准的施工方法

项　目	内　容
引下线的设置	(1)第一类避雷建筑物的避雷措施。当难以装饰独立的外部避雷装置时,可将接闪杆或网格不大于 5 m×5 m 或 6 m×4 m 的接闪器或由其混合组成的接闪器直接装在建筑物上,接闪器应按《建筑物避雷设计规范》(GB 50057—2010)的规定沿屋角、屋脊、屋檐和檐角等易受雷击的部位敷设;当建筑物高度超过 30 m 时,首先应沿屋顶周边敷设接闪带,接闪带应设在外墙外表面或屋檐边垂直面上,也可设在外墙外表面或屋檐边垂直面外,设置不少于 2 根引下线,并应沿建筑物四周和内庭院四周均应或对称布置,其间距沿周长计算不宜大于 12 m。 (2)第二类避雷建筑物的避雷措施。专设引下线不应小于 2 根,并应沿建筑物四周和内庭院四周应均对称布置,其间距沿周长计算不应大于 18 m。当建筑物的跨度较大,无法在跨距中间设引下线时,应在跨距两端设引下线,并减小其他引下线的间距,专设引下线的平均间距不应大于 18 m。 (3)第三类避雷建筑物的避雷措施。专设引下线不应少于 2 根,并应沿建筑物四周和内庭院四周均匀对称布置,其间距沿周长计算不应大于 25 m。当建筑物的跨度较大,无法在跨距中间设引下线时,应在跨距两端设引下线,并减小其他引下线的间距,专设引下线的平均间距不应大于 25 m
引下线支架安装	常见的支架,如图 4-30～图 4-32 所示。 　　当确定引下线位置后,明装引下线支持卡子应随着建筑物主体施工预埋。一般在距室外护坡 2 m 高处,预埋第一个支持卡子,在距第一个卡子正上方1.5～2 m处,用线坠吊直第一个卡子的中心点,埋设第二个卡子,依此向上逐个埋设,其间距应均匀相等,支持卡子露出长度应一致,突出建筑外墙装饰面15 mm以上
引下线敷设	(1)引下线明敷设。 　　1)引下线必须调直后进行敷设。 　　2)引下线路径尽可能短而直。 　　3)当通过屋面挑檐板等处,需要弯折时,不应构成锐角转折,应做成曲径较大的慢弯,弯曲部分线段的总长度,应小于拐弯开口处距离的 10 倍,如图 4-33 所示。 　　(2)引下线暗敷设。引下线沿砖墙或混凝土构造柱内暗敷设时,暗敷设引下线一般应使用截面不小于 ϕ12 镀锌圆钢或-25 mm×4 mm 镀锌扁钢。通常将钢筋调直后先与接地体(或断接卡子)连接好,由下至上展放(或一段段连接)钢筋;敷设路径应尽量短而直,可直接通过挑檐板或女儿墙与避雷带焊接,如图 4-34 所示
接地干线安装	(1)室内明敷设接地干线。图 4-35 是用接地干线螺栓连接或焊接方法将其固定在距地 250～300 mm 的支持卡子上,支持件的间距要求如下所述。 　　1)水平直线部分:L_1=1～1.5 m。 　　2)转弯或分支处:L_2=0.5 m。 　　3)垂直部分:L_3=1.5～2 m。 　　4)转弯处间距为 0.5 m。 　　(2)支持卡子的做法。如图 4-36 所示为支持卡子的做法示意,在房间内,为了便于维护与检查,干线与墙面应有 10～15 mm 的距离。图中 b 值比接地干线宽度多5 mm。 　　(3)接地干线通过建筑物沉降缝和伸缩缝。接地线通过伸缩缝处,应留有伸缩余量(做成"Ω"形),并分别距伸缩缝(或沉降缝)两端各 100 mm 加以固定,如图 4-37 所示。

续上表

项　　目	内　　容
接地干线安装	（4）接地干线穿墙或楼板。接地线在穿过墙壁时，应通过明孔、钢管或其他坚固的保护套。多层建筑物电气设备分层安装，接地线又须穿过楼板，这时应留洞或预埋钢管。接地线安装后在墙洞或钢管两端用沥青棉纱封严，如图 4-38 所示。 （5）接地干线过门。接地干线过门的安装方法如图 4-39 所示，图中 6 为接地扁钢的厚度。 （6）接地干线由室内引向室外接地网。由室内干线向室外接地网引的接地线，至少应有两处，做法如图 4-40 所示。 （7）接地支线做法。由接地干线向需接地的设备引接地支线的做法如图 4-41 所示。 （8）利用自然接地体的接地线安装。 1）交流电气设备的接地应充分利用以下自然接地体。 ①埋在地下的金属管道（但可燃或有爆炸介质的金属管道除外）。 ②金属井管。 ③与大地有可靠连接的建筑物及构筑物的金属结构。为保证完好的电气通路，应在金属构件的连接处焊跨接线，跨接线用截面不小于 $100~mm^2$ 的钢材焊接，如图 4-42 所示。 ④水工构筑物及类似构筑物的金属桩。 2）交流电气设备的接地线可利用。 ①建筑物的金属结构，包括起重机轨道、配电装置的外壳、走廊、平台、电梯竖井、起重机与升降机的构架、运输皮带的钢梁等。 利用起重机轨道时，轨道之间接缝处要用 25 mm×4 mm 的扁钢做跨接线，轨道尽头再与接地干线连接起来，做法如图 4-43 所示。 ②配电的钢管：钢管配线可用钢管做接地线，在管接头和接线盒处都要用跨接线连接，如图 4-44 所示。 ③利用电缆金属构架：利用电缆的铅皮做接地线，如图 4-45 所示。接地线的卡箍内部须垫以 2 mm 厚的铅带；电缆钢铠与接地线卡箍相接触部分须刮擦干净，卡箍、螺栓、螺母及垫圈均需镀锌。卡箍安装完毕后，将裸露的钢铠缠以沥青黄麻，外包黑胶布。要注意接地线与管道、铁路等的交叉部位，以及接地线可能受到机械损伤的场所，应采取保护措施，如图 4-46 所示
利用建筑物钢筋做避雷引下线	（1）利用建筑物钢筋混凝土中的钢筋做引下线时，引下线间距应符合下列规定： 1）一级避雷建筑物引下线间距不应大于 12 m； 2）二级避雷建筑物引下线间距不应大于 18 m； 3）三级避雷建筑物引下线间距不应大于 25 m。 以上一、二、三级建筑避雷施工，建筑物外廓各个角上的柱筋均应被利用。 （2）利用建筑物钢筋混凝土中的钢筋做避雷引下线时，尚须遵守下列规定： 1）当钢筋直径为 16 mm 及以上时，应利用两根钢筋（绑扎或焊接）作为一组引下线；当钢筋直径为 10 mm 且小于 16 mm 时，应利用四根钢筋（绑扎或焊接）作为一组引下线。 2）引下线的上部（屋顶上）应与接闪器焊接，下部在室外地坪下 0.8～1 m 处焊出 1 根 $\phi12$ 或 40 mm×4 mm 镀锌钢导体，伸向室外距外墙皮的距离宜不小于 1 m。 3）每根引下线在距地面 0.5 m 以下的钢筋表面积总和，对第一级避雷建筑物不应少于 $4.24K_c^2$（K_c 为分流系数），对第二、三级避雷建筑物不应少于 $1.89K_c^2$。当建

项　目	内　容
利用建筑物钢筋做避雷引下线	筑物为单根引下线，$K_c=1$；两根引下线及接闪器不成闭合环的多根引下线，$K_c=0.66$；接闪器成闭合环路或网状的多根引下线 $K_c=0.44$。 　　利用建筑物钢筋混凝土基础内的钢筋作为接地装置，应在与避雷引下线相对应的室外埋深 0.8～1 m 处，由被利用作为引下线的钢筋上焊出 1 根 $\phi12$ 或 40 mm×4 mm 镀锌圆钢或扁钢，并伸向室外，距外墙皮的距离不宜小于 1 m。 　　4)引下线在施工时，应配合土建施工按设计要求找出全部钢筋位置，用油漆做好标记，保证每层钢筋上、下进行贯通性连接(绑扎或焊接)。 　　5)引下线其上部(屋顶上)与接闪器相连的钢筋必须焊接，不应做绑扎连接，焊接长度不应小于钢筋直径的 6 倍，并应在两面进行焊接。 　　6)如果结构内钢筋因钢种含碳量或含锰量高，焊接易使钢筋变脆或强度降低时，可绑扎连接，也可改用不小于 $\phi16$ 的副筋，或不受力的构造筋，或者单独另设钢筋。 　　7)利用建筑物钢筋混凝土基础内的钢筋作为接地装置，每根引下线处的冲击接地电阻不宜大于 5 Ω。 　　8)在建筑结构完成后，必须通过测试点测试接地电阻，若达不到设计要求，可在室外柱(或墙)0.8～1 m 处，预留导体处加接外附人工接地体
断接卡子制作安装	断接卡子有明装和暗装两种。断接卡子可利用不小于 - 40 mm×4 mm 或 - 25 mm×4 mm 的镀锌扁钢制作，断接卡子应用两根镀锌螺栓拧紧，引下线的圆钢与断接卡子的扁钢应采用搭接焊，搭接长度不应小于圆钢直径的 6 倍，且应在两面焊接
保护设施	在易受机械损坏和防人身接触的地方，地面上 1.7 m 至地面下 0.3 m 的一段接地线应采取暗敷或镀锌角钢、耐阳光晒的改性塑料管或橡胶管等保护设施。 　　为减小雷击接触电压电击的概率，可采取以下措施： 　　(1)减小 K_c 值，即增加引下线根数和减小引下线之间的距离； 　　(2)对引下线施以适当的绝缘，如穿聚氯乙烯(PVC)管见表 4-9； 　　(3)地面采用绝缘材料以增加地表层的电阻率

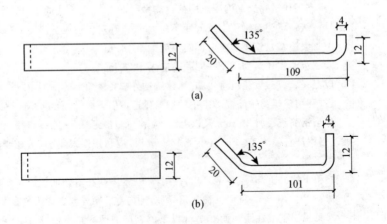

图 4-30　固定钩(单位:mm)

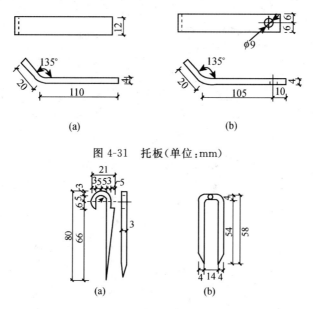

图 4-31　托板(单位:mm)

图 4-32　卡钉(单位:mm)

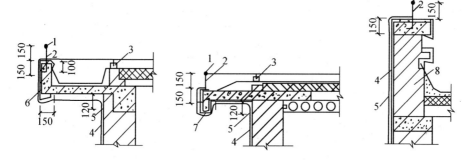

图 4-33　明装引下线经过挑檐板、女儿墙做法(单位:mm)

1—避雷带;2—支架;3—混凝土支座;4—引下线;5—固定卡子;

6—现浇挑檐板;7—预制挑檐板;8—女儿墙

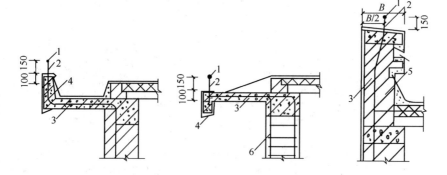

图 4-34　暗装引下线通过挑檐板、女儿墙做法(单位:mm)

1—避雷带;2—支架;3—引下线;4—挑檐板;

5—女儿墙;6—柱主筋

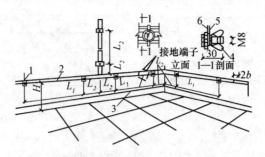

图 4-35　室内明敷设接地干线安装示意图(单位:mm)

1—支持卡子;2—接地干线;3—接地端子;4—蝶形螺母;

5—弹簧垫圈;6—镀锌垫圈

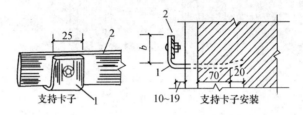

图 4-36　接地干线支持卡子(单位:mm)

1—支持卡子;2—接地干线

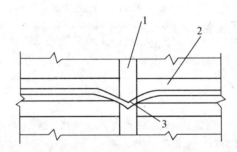

图 4-37　接地干线通过伸缩缝(或沉降缝)的做法(单位:mm)

1—伸缩缝(或沉降缝);2—接地干线;3—ϕ12 钢筋

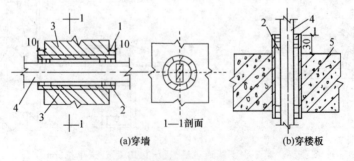

图 4-38　接地线穿墙、穿楼板的做法(单位:mm)

1—沥青棉纱;2—ϕ40 钢管;3—砖墙;4—接地线;5—楼板

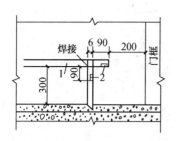

图 4-39　接地干线过门做法（单位：mm）

1—接地线；2—支架卡子

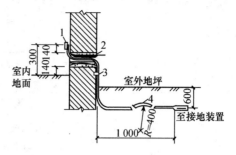

图 4-40　室内干线引出室外做法（单位：mm）

1—接地干线；2—套管（一般用 φ40 钢管）；

3—支持卡子；4—接地线

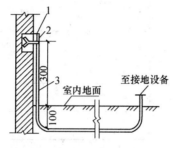

图 4-41　接地干线引接地支线做法（单位：mm）

1—接地干线；2—支持卡子；3—接地支线

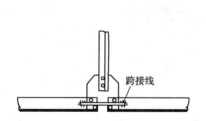

图 4-42　利用建筑物的金属结构

做接地线的做法

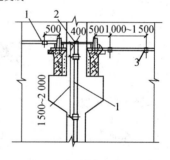

图 4-43　起重机轨道做接地（单位：mm）

1—接地干线；2—连接线；3—支持卡子

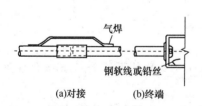

(a)对接　　　(b)终端

图 4-44　管接头和接线盒跨接做法

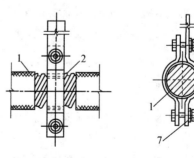

图 4-45　利用电缆铅皮做接地线的做法

1—电力电缆；2—电缆铠装钢带；3—卡箍；

4—铅垫；5—螺栓；6—螺母；7—垫圈

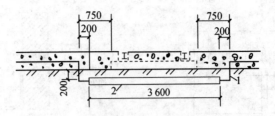

图 4-46 接地线穿过轨道的做法(单位:mm)

1—接地线;2—保护钢管

表 4-9 引下线穿 PVC 绝缘管的最小管壁厚

建筑物类别	分流系数 K_c		
	1	0.66	0.44
	壁厚(mm)		
第一类避雷建筑物	3	2	1.5
第二类避雷建筑物	2	1.5	1
第三类避雷建筑物	1.5	1	0.7

质量问题

避雷引下线未做断接卡子

质量问题表现

无法测量避雷系统的接地电阻。

质量问题原因

高层建筑利用建筑物的柱子钢筋作引下线,或柱子内附加引下线时,没有在首层预焊出测量接地电阻值的测试点,认为避雷引下线利用柱子钢筋,则整个建筑物的钢筋已统一接地,就没有必要再测接划电阻值,所以漏做断接卡子和测试点,以致无法测量避雷系统的接地电阻。

质量问题预防

(1)建筑物上的避雷设施采用多根引下线时,宜在引下线距地面1.5~1.8 m处设置断线卡。

(2)在主体结构施工时,若避雷引下线利用柱子钢筋,可在室外距地面500 mm处,在建筑物的四个角焊出接地电阻测试端子,其盒子和接地测试点做法如图4-47所示。

(3)如果是在混凝土柱子或墙内暗设的避雷引下线,则应在距室外地坪500 mm处,逐根作接地引下线断接卡子,作为接地电阻的测试点,如图4-48所示。

质量问题

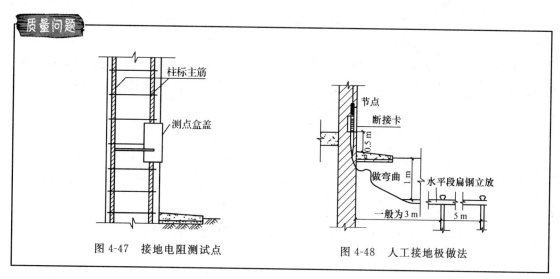

图 4-47　接地电阻测试点　　　　　图 4-48　人工接地极做法

2. 避雷保护装置安装

避雷保护装置安装标准的施工方法见表 4-10。

表 4-10　避雷保护装置安装标准的施工方法

项　目	内　容
避雷针的安装	(1)避雷针(线、带)的引下线施工。 1)避雷针(带)与引下线之间的连接应采用焊接,焊接长度应按引下线计算。 2)建筑物上的避雷设施采用多根引下线时,宜在各引下线距地面 1.5～1.8 m 处设置断线卡。断线卡做法,如图 4-49 所示。 3)引下线应沿建筑物外墙敷设,并经最短路径接地。建筑艺术要求较高者,也可暗敷,但截面应加大一级。 　明敷引下线距墙面的距离,一般不大于 15 mm,且支持件间距应均匀,符合设计要求。固定支持件形式,如图 4-50 所示。 4)装有避雷针的金属筒体(如烟囱),当筒体壁厚大于 4 mm 时,可作为避雷针的引下线;筒体底部应有对称两处与接地体相连,如图 4-51 所示。 　当烟囱上安装多支避雷针时,其接地线均连在同一个闭合环上。用铁爬梯做引下线时,应将爬梯连成电气通路。 (2)避雷针在墙上安装。避雷针是建筑物避雷最早采用的方法之一。避雷针在建筑物墙上的安装方法如图 4-52 所示。避雷针下覆盖的一定空间范围内的建筑物都可受到避雷保护。图中的避雷针(即接闪器)就是受雷装置。其制作方法如图 4-53 所示,针尖采用圆钢制成,针管采用焊接钢管,均应热镀锌。镀锌有困难时,可刷红丹一度,防腐漆二度,以防锈蚀;针管连接处应将管钉安好后,再行焊接。针体的各节尺寸,见表 4-11。 (3)避雷针在屋面上安装。地脚螺栓预埋在支座内,最少应有两根与钢筋焊接。支座与屋面同时浇灌;支座应在墙或梁上,否则应进行校验,如图 4-54 所示。图 4-54 适用于基本风压为 700 Pa 以下的地区,针顶标高不超过 30 m
平屋顶建筑物避雷	目前的建筑物,大多数都是采用平屋顶。平屋顶的避雷装置设有避雷网或避雷带,沿屋顶以一定的间距铺设避雷网,如图 4-55 所示。屋顶上所有凸起的金属物、

续上表

项　　目	内　　容
平屋顶建筑物避雷	构筑物或管道均应与避雷网连接(用 $\phi8$ 圆钢),避雷网的方格不大于10 m,施工时应按设计尺寸安装,不得任意增大。引下线应不少于两根,各引下线的距离应符合设计要求。平屋顶上若有灯柱和旗杆时,也应将其与整个避雷网(带)连接,如图 4-56 所示
瓦坡屋顶建筑物避雷	可以在山墙上装设避雷针,重要的建筑物采用敷设避雷带的方法比较美观。具体做法是用 $\phi8$ 镀锌圆钢沿易受雷击的屋角、屋脊、屋檐以及沿屋顶有凸起的金属构筑物如烟囱、透气孔敷设,如图 4-57 所示
高层建筑物避雷	现代化的高层建筑物,都是用现浇的大模板和预制的装配式壁板等,结构钢筋较多,从屋顶到梁、柱、墙、楼板以及地下的基础,都有相当数量的钢筋,把这些钢筋(从上到下)以及室内上下水管、热力管、煤气管、变压器中性线等均与钢筋连接起来,形成一个整体,构成了笼式暗装避雷网,如图 4-58 所示,使整个建筑物构成一个等电位的整体
钢筋混凝土水塔避雷	(1)利用水塔构件内的钢筋做接地引下线,做法如图 4-59 所示。铁制通风帽和栏杆做接闪器,用基础的钢筋作接地装置,既可靠又节约钢材,但水塔内的钢筋接头应绑扎好或焊接好。预埋接地扁钢的方法是沿基础四周布置成环形。当电阻值达不到要求时,就需另补做接地装置或根据实际情况采取其他措施。 (2)水塔外敷接地引下线,做法如图 4-60 所示。支持卡子随土建施工及时预埋
架空线路避雷	10 kV 及以下的架空线路的避雷保护方法。 (1)装避雷线。架空线路装设避雷线后,沿线及设备均可得到保护。10 kV 架空线路一般不装避雷针,但特殊地段需装避雷线时,混凝土电杆都要按设计要求做接地处理。 (2)铁横担及绝缘子固定点进行可靠接地。通过雷电活动强烈地区(年平均雷电在 90 d 及以上地区或根据运行经验是雷害严重的地区)的架空线路,其铁横担及绝缘子固定点要进行可靠接地,如图 4-61 所示。 同级电压线路相互交叉或与较低电压线路、通信线路交叉时,交叉两端的钢筋混凝土电杆(共 4 基杆塔)也都应按图 4-61 的做法接地。图中所示接地线在电杆上半部用的是铝绞线,下半部用的是钢绞线,但钢绞线太硬不好施工,可采用同截面的铝绞线,并用并沟线夹作为中间过渡。有条件时,从上到下都用铜绞线。可以利用钢筋混凝土电杆的主钢筋做接地引下线时,电杆上下各有一个接地螺母与主钢筋焊接,施工中只要将外部的接地线与接地螺母连接就可以了。预应力钢筋混凝土电杆的钢筋不能用做接地引下线。 (3)装设避雷器。电杆上装设柱上油断路器或电缆头时,均要装避雷器作保护,如图 4-62 所示,设备的金属外壳与避雷器共同接地。 (4)为提高耐雷击水平,可采用瓷横担绝缘子;安装在铁横担上的针式绝缘子,应采用比线路电压高一级的绝缘子,如 10 kV 线路铁横担应用 P-15 型针式绝缘子
变、配电所避雷	变、配电所的室外电气装置或盛有易燃易爆液体的金属储罐,多用独立避雷针做防护设施

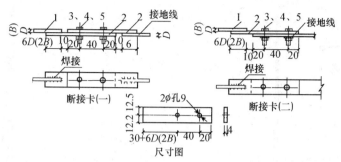

图 4-49 避雷引下线的断线卡做法（单位：mm）

1—引下线；2—连接板；3、4、5—镀锌螺栓和垫圈（M8×30）

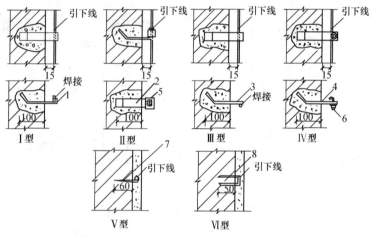

图 4-50 引下线固定方法安装图（单位：mm）

1、2、3、4—支架；5—套环（-12 mm×4 mm）；

6—螺栓钩（φ8）、螺母、垫圈（M8）；7—钩钉（卡钉）；8—方卡钉

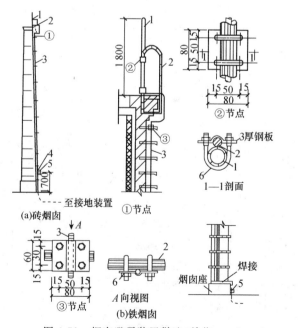

图 4-51 烟囱避雷装置做法（单位：mm）

1—避雷针；2—铁爬梯；3—接地引下线（φ8 圆钢）；4—断线卡；5—保护管；6—U 形卡子

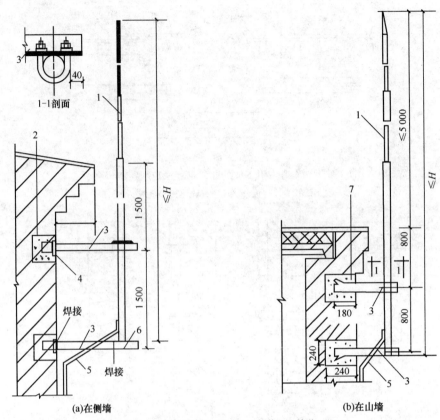

图 4-52　避雷针在建筑物墙上安装图(单位:mm)

1—接闪器;2—钢筋混凝土梁 240 mm×240 mm×2 500 mm,当避雷针高<1 m 时,

改为 240 mm×240 mm×370 mm 预制混凝土块;3—支架(∠63×6 mm);

4—预埋铁板(100 mm×100 mm×4 mm);5—接地引下线;6—支持板(δ=6 mm);

7—预制混凝土块(240 mm×240 mm×37 mm)

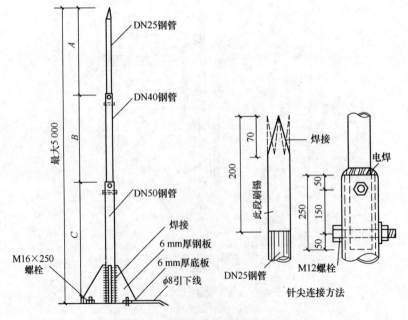

图 4-53　避雷针制作图(单位:mm)

表 4-11　针体各节尺寸表 （单位：m）

针全高		1.0	2.0	3.0	4.0	5.0
各节尺寸	A	1.0	2.0	1.5	1.0	1.5
	B	—	—	1.5	1.5	1.5
	C	—	—	—	1.5	2.0

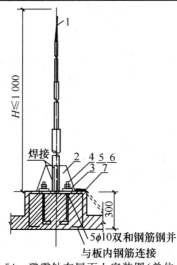

图 4-54　避雷针在屋面上安装图（单位：mm）

1—避雷针；2—肋板；3—底板；4—地脚螺栓（ϕ16，l＝380 mm）；5、6—螺母、垫圈（M16）；7—引下线

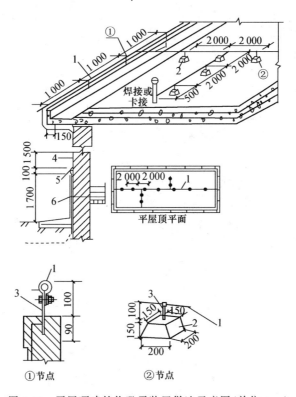

图 4-55　平屋顶建筑物避雷装置做法示意图（单位：mm）

1—避雷线（ϕ8 mm 圆钢）；2—现浇混凝土支座；3—支持卡子；4—接地引下线；5—断线卡；6—保护罩

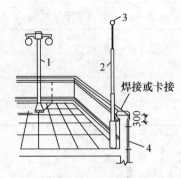

图 4-56 平屋顶上灯柱与旗杆的避雷做法示意图(单位:mm)

1—金属灯柱;2—金属旗杆;3—镀锌金属球;4—引下接地线

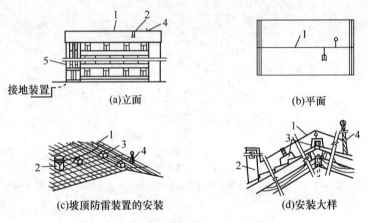

图 4-57 屋面坡顶的避雷装置

1—避雷线;2—烟囱;3—现浇混凝土支座;4—透气管;5—接地引下线

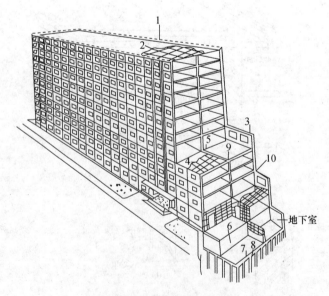

图 4-58 笼式避雷网示意图

1—周圈式避雷带;2—屋面板钢筋;3—外墙板;4—各层楼板;5—内纵墙板;
6—内横墙板;7—承台梁;8—基桩;9—内墙板连接点;10—外墙板钢筋连接点

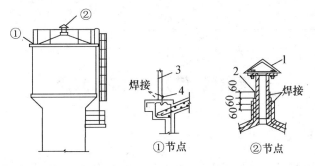

图 4-59　利用水塔内钢筋做接地引下线的避雷装置图(单位:mm)

1—接闪器;2、4—连接线;3—木塔栏杆

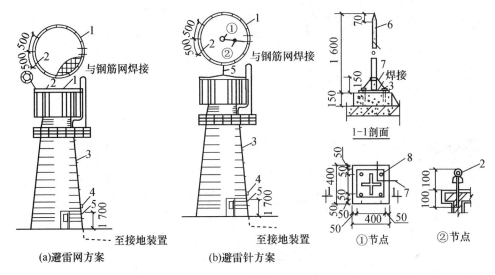

(a)避雷网方案　　　(b)避雷针方案

图 4-60　水塔外敷接地线、引下线避雷装置的做法(单位:mm)

1—避雷针;2—支持卡子;3—接地引下线($\phi 8$ 圆钢);

4—断线卡;5—保护管;6—避雷针($\phi 25$ 镀锌圆钢或 $\phi 40$ 镀锌钢管);

7—钢板;8—螺栓(M16×230)

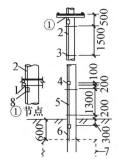

图 4-61　铁横担及绝缘子固定点接地做法(单位:mm)

1、2—接地引下线(LJ—25 或 GJ—25);

3—抱箍(或 $\phi 3$ 镀锌钢丝绑扎);4—断线卡;

5—保护管($\phi 32$);6—接地线($\phi 8$ 圆钢);

7—接地装置;8—并沟线夹

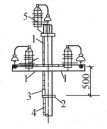

图 4-62　避雷器接地做法(单位:mm)

1—接地引下线(LJ—25);

2—抱箍(或以 $\phi 3$ 镀锌钢丝绑扎);

3—并沟线夹;4—接地线($\phi 8$ 圆钢);

5—避雷器

质量问题

避雷网(带)焊接常见问题

质量问题表现

避雷网(带)焊接头搭接长度不够,电焊时电弧咬边造成缺损,因而减小了圆钢的截面积,如图 4-63 所示。

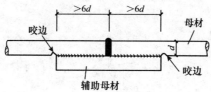

图 4-63　电弧咬边缺损

质量问题原因

(1)安装避雷网(带)时,留出的搭接长度不够,或者在断辅助母材时不够长,焊件摆放不齐,一边过长,一边过短,结果造成焊接面长度不够,如图 4-64 所示。

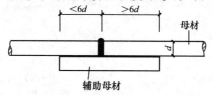

图 4-64　焊件摆放不齐

(2)造成电焊咬边的原因是,电焊机电流过大,施焊时在母材边起弧,又在母材边收弧,如图 4-65 所示。

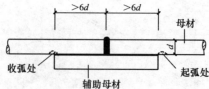

图 4-65　焊件起弧收弧处

质量问题预防

(1)避雷网(带)焊接时应符合以下要求。

质量问题

1）扁钢与扁钢的搭接，搭接长度应为扁钢宽度的 2 倍，且焊接不少于 4 个棱边。

2）圆钢与圆钢的搭接，搭接长度应为圆钢直径的 6 倍，且两面焊接。

3）搭接部位一端宜弯成"〈‾‾〉"形，使整个避雷带成一条直线状。

4）扁钢与支持件（扁钢）的焊接，扁钢宜高出支持件约 5 mm，这样焊接后上端可以平整。

5）焊接处焊缝应平整，不应有夹渣、咬边、焊瘤等现象。焊接后应及时清除焊渣，并在焊接处刷防锈涂料 1 遍，涂油性饰面涂料 2 遍以防锈蚀。

6）避雷网的搭接焊焊缝处严禁用砂轮机将焊缝打磨平整。

（2）焊接头搭接长度必须留有余地，辅助母材可以预先切割好，切断时两端各加长 10 mm，并在居中做出标记，将两个钢筋接头放在中间对齐，如图 4-66 所示。

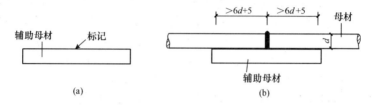

图 4-66　焊件做记号对齐

（3）施焊时可在辅助母材边起弧，焊完后仍在辅助母材边收弧，这样可以避免因熔池收缩而造成咬边现象。

第三节　接闪器安装

一、施工质量验收标准

接闪器安装的质量验收标准见表 4-12。

表 4-12　接闪器安装的质量验收标准

项　目	内　容
主控项目	建筑物顶部的避雷针、避雷带等必须与顶部外露的其他金属物体连成一个整体的电气通路，且与避雷引下线连接可靠
一般项目	（1）避雷针、避雷带应位置正确，焊接固定的焊缝饱满无遗漏，螺栓固定的应备帽等防松零件齐全，焊接部分补刷的防腐油漆完整。 （2）避雷带应平整顺直，固定点支持件间距均匀、固定可靠，每个支持件应能承受大于 49 N（5 kg）的垂直拉力。当设计无要求时，支持件间距应符合《建筑电气工程施工质量验收规范》（GB 50303—2002）中的相关规定

二、标准的施工方法

接闪器安装标准的施工方法见表 4-13。

表 4-13 接闪器安装标准的施工方法

项　目		内　容
明装避雷网安装	支架安装	(1)避雷网沿女儿墙安装时使用支架固定。 (2)角钢支架应有燕尾,其埋注深度不小于 100 mm,其他各种支架的埋注深度不小于 80 mm。 (3)支架安装高度为 100～200 mm,其各支点的间距不应大于 1 m。 (4)支架安装时,首先固定一直线段上位于两端的支架,并浇注,然后拉线进行其他支架的浇注。 (5)支架位置确定后,用电锤打不小于 100 mm 的孔洞,再将支架插入孔内,用强度等级为 32.5 级以上水泥加水拌匀(水灰比为 1∶9),用捻凿将灰把孔洞填满,用手锤打实。 (6)如果女儿墙预留有预埋铁件,可将支架直接焊在铁件上,支架的找直方法同上。 (7)支架应平直。水平度每 2 m 段允许偏差 3/1 000,垂直度每 3 m 允许偏差 2/1 000;全长偏差不得大于 10 mm。 (8)所有支架必须牢固,能承受大于 49 N(5 kg)的垂直拉力;灰浆饱满,横平竖直
	屋面混凝土支座安装	(1)屋面上支架的安装位置是由避雷网的安装位置决定的。避雷网距屋面的边缘距离不应大于 500 mm。在避雷网转角中心严禁设置避雷网支架。 (2)在屋面上制作或安装支座时,应在直线段两端点(即弯曲处的起点)处拉通线,确定好中间支座位置,中间支座的间距不大于 1 m,相互间均匀分布,转弯处支座的间距为 0.3～0.5 m。 (3)支座在屋面防水层上安装时,须待屋面防水工程结束后,将混凝土支座分挡摆好,将两端支架拉直线,然后将其他支座用砂浆找平,把支座与屋面固定牢固
	避雷网安装	(1)避雷线采用截面积不小于 48 mm² 的扁钢或直径不小于 8 mm 的圆钢。 (2)避雷线弯曲处不得小于 90°角,弯曲半径不得小于圆钢直径的 10 倍,并不得弯成死角。 (3)所选的材料如为扁钢,可放在平板上用手锤调直;如为圆钢可将圆钢放开,一端固定在牢固地锚的机具上,另一端固定在铰磨(或倒链)的夹具上进行冷拉直。 (4)将调直的避雷线运到安装地点。 (5)将避雷线用大绳提升到顶部,顺直沿支架的路径进行敷设,卡固、焊接连成一体,并同引下线焊好。其引下线的上端与避雷带(网)的交接处,应弯曲成弧形再与避雷带(网)并齐进行搭接焊接。 (6)建筑屋顶上的突出物,如透气管、金属天沟、铁栏杆、爬梯、冷却水塔各类天线等,这些部位的金属导体都必须与避雷网焊接成一体。顶层的烟囱、透气口应做避雷带或避雷针。 (7)焊接药皮应敲掉,进行局部调直后刷防锈漆或银粉。

续上表

项　　目		内　　容
明装避雷网安装	避雷网安装	(8)避雷带(网)应位置正确,焊接固定的焊缝饱满无遗漏,螺栓固定的应备帽等防松零件齐全,焊接部分补刷的防腐油漆完整
	用钢管做明装避雷带	(1)利用建筑物金属栏杆和另外敷设镀锌钢管做明装避雷带时,用做支持支架的钢管管径不应大于避雷带钢管的直径,其埋入混凝土或砌体内的下端应横向焊短圆钢做加强筋,埋设深度应小于 150 mm,支架应固定牢固。 (2)支架间距在转角处距转弯点为 0.25～0.5 m,且相同弯曲处应距离一致。中间支架距离不应大于 1 m,间距应均匀相等。 (3)明装钢管做避雷带时,在转角处应与建筑造型协调,拐弯处应弯成圆弧活弯,严禁使用暖卫专业的冲压弯头进行管与管的连接。 (4)钢管避雷带相互连接处,管内应设置管外径与连接管内径相吻合的钢管做衬管,衬管长度不应小于管外径的 4 倍。 (5)避雷带与支架的固定方式应采用焊接连接。钢管避雷带的焊接处,应打磨光滑,无凸起高度,焊接连接处经处理后应涂刷红丹防锈漆和银粉防腐
	避雷带通过变形缝做法	避雷带通过伸缩沉降缝处,将避雷带向侧面弯成半径 100 mm 的弧形,且支持卡子中心距建筑物边缘距离减至 400 mm。避雷带通过伸缩沉降缝处也可以将避雷带向下部弯曲,如图 4-67 所示
暗装避雷网		当女儿墙压顶为现浇混凝土时,压顶板内通长钢筋可被利用作为暗装避雷网,其引下线可以采用 φ12 圆钢或利用女儿墙中两根相距 500 mm 直径不小于 φ10 的主筋
避雷针制作与安装		(1)避雷针选用镀锌钢管或镀锌圆钢制作,操作时注意保护镀锌层。避雷针采用圆钢或钢管制作时,其直径不应小于表 4-14 内要求的数值。 (2)避雷针按设计要求的材料所需长度分上、中、下三节下料。如针尖采用钢管制作,应先将上节钢管一端锯成齿形,用手锤收尖后进行焊接,磨尖,成锥形,尖部涮锡。 (3)避雷针在屋面上安装时,电气专业应向土建专业提供混凝土底座以及预埋底板或地脚螺栓的资料,在屋面结构施工中由土建浇灌好混凝土支座,并预埋好地脚螺栓或底板。地脚螺栓或底板与工程结构钢筋焊接成一体。待混凝土强度符合要求后再安装避雷针。 (4)将避雷针支座钢板固定在预埋的地脚螺栓上,在底板的中心点确定避雷针位置,然后在底板相应的位置焊上一块肋板,再将避雷针立起,找直找正后进行点焊,加以校正,再焊上其他三块肋板用以固定牢固。肋板采用 6 mm 厚钢板,呈三角形。 (5)避雷针在安装前应将避雷针各节组装好。避雷针各节连接采用插接式,每节插入管内不小于 300 mm,找直,沿管周围焊接。 (6)避雷针安装要牢固,针体应垂直,其允许偏差不应大于顶端针杆的直径。并将避雷网及引下线与底板焊接成一个整体,清除药皮刷防锈漆。 (7)避雷针的保护角应按 45°或 60°考虑。当建筑物屋面单支避雷针的保护范围不能满足要求时可采用两支。两支避雷针外侧的保护范围按单支避雷针确定,两针之间的保护范围按单支的距离不大于避雷针的有效高度的 1.5 倍,且不大于300 m 布置

续上表

项　目		内　容
特殊部位避雷针安装	砖烟囱避雷针安装	(1)砖烟囱避雷针一般采用 $\phi25$ 镀锌圆钢或 $\phi40$ 镀锌钢管。避雷针安装数量及位置应根据设计要求或烟囱尺寸确定。 (2)在结构浇筑混凝土前根据事先确定好的位置,将预埋件预埋在结构中并与结构钢筋相焊接。 (3)将避雷针运到施工作业现场,用引绳将避雷针拉到烟囱顶部,与预埋铁点焊,调直、找正后焊接牢固。然后采用 3 mm 厚,800 mm×800 mm 钢板及引下线用 $\phi8$ U 形螺栓与铁爬梯相连接固定
	半导体长针消雷装置安装	(1)利用其独特结构,通过放电,中和雷云电荷来减少雷电流,从而有效地保护了建筑物及内部设备。多用于铁塔及 35 m 以上建筑。 (2)在屋面结构施工中或铁塔顶部安装过程中,依据此消雷装置的技术资料,预埋式焊接 4 根 $\phi16$ 螺栓,然后将消雷装置与螺栓固定。 (3)利用脚手架将半导体针组通过连接针丝扣与消雷装置连接。然后用金属箍拧紧固定。避雷引下线与消雷装置底座焊接成一体

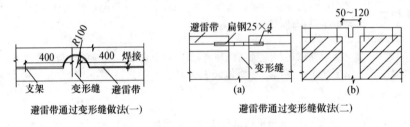

避雷带通过变形缝做法(一)　　避雷带通过变形缝做法(二)

图 4-67　避雷带通过变形缝做法(单位:mm)

表 4-14　避雷针的直径

材料规格 针长、部位	圆钢直径(mm)	钢管直径(mm)
1 m 以下	≥12	≥20
1～2 m	≥16	≥25
烟囱顶上	≥20	≥40

质量问题

突出屋面的非金属物未做避雷保护

质量问题表现

高出屋面避雷带的非金属物,如玻璃钢水箱、塑料排水透气管等未作避雷保护,在雷雨天气,可能遭受雷击。

质量问题

质量问题原因

认为只有高出屋面的金属物体才需要与屋面避雷装置连接,而非金属物不是导体,不会传电,因而不会遭受雷击。雷击是一种瞬间高压放电现象,这种高电压、强电流足以击穿空气,击毁任何物体。很多高大的建筑物、构筑物本身并非导体,却需要避雷保护,即是最简单的例子。

质量问题预防

高出屋面接闪器的玻璃钢水箱、玻璃钢冷却塔、塑料排水透气管等补装避雷针,并和屋面避雷装置相连,避雷针的高度应保证被保护物在其保护角范围之内。

(1)接闪器的材料应符合以下要求。

1)避雷针采用圆钢或钢管制成时其直径不应小于下列数值:

①独立避雷针一般采用直径为 19 mm 镀锌圆钢。

②屋面上的避雷针一般采用直径 25 mm 镀锌钢管。

③水塔顶部避雷针采用直径 25 mm 或 40 mm 镀锌钢管。

④烟囱顶上避雷针采用直径 25 mm 镀锌圆钢或直径 40 mm 镀锌钢管。

⑤避雷环用直径 12 mm 镀锌圆钢或截面为 100 mm² 镀锌扁钢,其厚度为 4 mm。

2)避雷线如用扁钢,截面不得小于 48 mm²,如为圆钢直径不得小于 8 mm。

(2)避雷针安装应位置正确,焊接固定的焊缝饱满无遗漏,螺栓固定的应备帽等防松零件齐全,焊接部分补刷的防腐油漆完整。

(3)接闪器的滚球法布置。滚球法是以 h_r 为半径的一个球体,沿需要防直击雷的部位滚动,当球体只触及接闪器(包括被利用作为接闪器的金属物),或只触及接闪器和地面(包括与大地接触并能承受雷击的金属物),而不触及需要保护的部位时,则该部分就得到接闪器的保护,如图 4-68 所示。

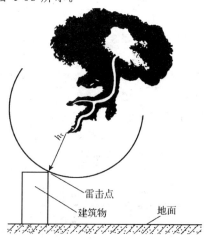

图 4-68　从闪电先导尖端至地面目标的击距 h_r

质量问题

(4)屋面安装避雷针时,单支避雷针的保护角 α 可按 45°或 60°考虑。两支避雷针外侧的保护范围按单支避雷针确定,两针之间的保护范围,对民用建筑可简化两针间的距离不小于避雷针的有效高度(避雷针突出建筑物的高度)的 15 倍,且不宜大于 30 m 布置,如图 4-69 所示。

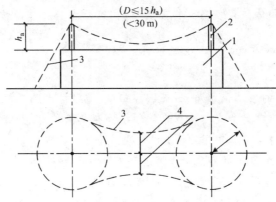

图 4-69 双支避雷针简化保护范围示意

1—建筑物;2—避雷针;3—保护范围;4—保护宽度

第四节　建筑物等电位联结

一、施工质量验收标准

建筑物等电位联结的质量验收标准见表 4-15。

表 4-15　建筑物等电位联结的质量验收标准

项　目	内　容
主控项目	(1)建筑物等电位联结干线应从与接地装置有不少于 2 处直接连接的接地干线或等电位箱引出,等电位联结干线或局部等电位箱间的连接线形成环形网络,环形网络应就近与等电位干线或局部等电位箱连接,支线间不应串接连接。 (2)等电位联结线路最小允许截面应符合表 4-16 的规定
一般项目	(1)等电位联结的近裸露导体或其他金属部件、构件与支线连接应可靠、熔焊、钎焊或机械紧固应导通正常。 (2)需等电位联结的高级装修的金属零部件,应用专用的接线螺栓与等电位联结支线连接,且有标志,连接处螺母紧固,防松零件齐全

表 4-16　线路最小允许截面　　　　　　(单位:mm²)

材　料	截　面	
	干线	支线
铜	16	6
钢	50	16

二、标准的施工方法

建筑物等电位联结标准的施工方法见表 4-17。

表 4-17　建筑物等电位联结标准的施工方法

项　目	内　容
测量定位	按施工图确定总等电位联结(简称 MEB)和局部等电位联结(简称 LEB)的端子板、连接线等电气器具固定点的位置及走向,从始端(MEB/LEB 端子板)至终端(外露可导电部分或装置可导电部分),先干线后支线,找好水平或垂直线,用粉线袋沿线路中心弹线
保护管预埋(暗敷)	等电位联结线材料为铜导线则采用穿硬质阻燃塑料保护管暗敷设

| 端子板(箱)制作安装 | MEB(LEB)端子板(箱)制作 | (1)明装 MEB(LEB)端子板制作。

1)确定 MEB(LEB)端子板的长度,长度根据等电位联结线的出线数确定:单行排列时端子板的长度:50 mm×(支路数+1)+2×25 mm×2,其中,50 mm 表示各支路压接孔之间的间距及靠近安装孔的支路压接孔与安装孔之间的间距,25 mm 表示端子板安装孔的纵向开孔孔径及安装孔径距端子板板端的距离,相关内容可参考表 4-18。用于 MEB(LEB)端子板的紫铜板厚度不宜小于 4 mm。支路较多时,其压接孔可多行排列。

2)采用台钻在端子板上开孔,干线压接孔一般布置在右侧。开孔孔径为10.5 mm,其余支线压接孔开孔孔径为 6.5 mm,安装孔径的横向开孔孔径为10.5 mm,固定支路接线端子采用 M6×30 的螺栓、M6 螺母及 6 mm 的垫圈。

3)根据端子板的规格制作保护罩,保护罩采用 2 mm 厚钢板,保护罩的宽度应比MEB(LEB)端子板的宽度宽约 10 mm,安装孔的横向开孔孔径为10.5 mm。等电位端子板及其保护罩的做法如图 4-70 所示。

(2)MEB(LEB)端子箱制作。可参考 MEB(LEB)端子板制作方法,采用 4 mm 厚的紫铜板制作好 MEB(LEB)端子箱内的端子板,然后根据端子板的规格制作 MEB(LEB)端子箱体,MEB(LEB)端子箱体的顶、底板要根据 MEB(LEB)线的规格开敲落孔,禁止开长孔。箱门应装锁,并在箱体面板表面注明“等电位联结端子箱不可触动”字样。MEB 端子箱以及箱内的端子板的规格、尺寸可根据具体工程要求确定 |
| | MEB(LEB)端子板(箱)安装 | (1)MEB(LEB)端子板多用于设备间墙上明装。安装时,首先根据弹线定位的结果以及 MEB(LEB)端子板的安装孔的位置在墙上的对应位置标好安装孔的位置,然后采用 M10×80 的膨胀螺栓将端子板固定在墙上,固定时应保证膨胀螺栓的螺杆预留出足够长度以便用来固定保护罩。最后用 M10 螺母及 10 mm 的弹垫圈将端子板的保护罩固定在膨胀螺栓的螺杆上。

(2)MEB(LEB)端子箱用于墙上暗装。

1)暗装配电箱(盘)箱体安装。在现浇混凝土墙内安装配电箱(盘)时,应设置配电箱(盘)预留洞。

2)暗装配电箱(盘)箱体固定。首先根据施工图要求的标高位置和预留洞位置,将箱体放入洞内找好标高和水平位置,并将箱体固定好。用水泥砂浆填实周边,并抹平。待水泥砂浆凝固后再安装盘面和贴脸。如箱底保护层厚度小于 30 mm 时,应在外墙固定金属网后再做墙面抹灰。不得在箱底板上直接抹灰。在二次墙体内安装配电箱时,可将箱体预埋在墙体内。在轻钢龙骨墙内安装配电箱时,若深度不够,则采用明装式或在配电箱前侧四周加装饰封板 |

项 目	内 容
支架安装（明敷设）	当等电位联结线敷设在设备间内，且材料为型钢时，可采用支架安装的方法明敷设。固定支架前应拉线，并使用水平尺复核，使之水平，沿连接线走向均匀分布固定点，弹好线，然后在固定点位置进行钻孔，埋入金属膨胀螺栓，将支架固定好。固定支架时先两端后中间，使支架固定高度一致。支架可采用自制或定型产品
联结线敷设与联结	联结线敷设与联结见表4-19
导通性测试	等电位联结安装完毕以后，应采用等电位联结测试仪进行导通性测试。对等电位联结进行导通性测试，即是对等电位用的端子板、连接线、有关接头、管夹、截面和整个路径上的色标进行检验，通过测定来判定等电位联结的有效性。 当测得等电位联结端子板与等电位联结范围内的金属管道等金属体末端之间的电阻不超过3Ω时，可认为等电位联结是有效的。 测量等电位联结端子板与等电位联结范围内的金属管道末端之间的电阻一般距离较远，可进行分段测量，将所测得的电阻值相加。如有导通不良的连接处，应做跨接线

表 4-18　MEB 端子板长度表

端子数	板长 L(mm)
2	250
3	300
4	350
5	400
每增加一个	增加 50

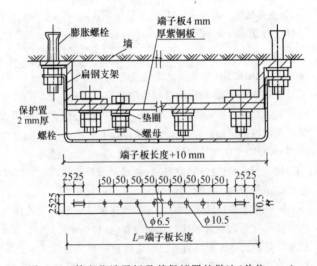

图 4-70　等电位端子板及其保护罩的做法(单位:mm)

表 4-19　联结线敷设与联结

项　目	内　容
等电位联结线敷设	电气施工人员应对隐蔽部分的等电位联结线及其连接处做隐检记录及检测报告,并在竣工图上注明其实际走向和部位
等电位联结内各联结导体间的连接	等电位联结内各连接导体间的连接可采用焊接,焊接处不应有夹渣、咬边、气孔及未焊透情况;当等电位联结线采用钢材焊接时,应采用搭接焊。当不同宽度的扁钢搭接焊接时,搭接长度应以宽的为准;不同直径的圆钢搭接焊接时,搭接长度应以直径大的为准。除埋设在混凝土中的焊接接头外,应有防腐措施。 　　采用不同材质的导体连接时,等电位联结线可采用熔接法进行连接。熔接法有EXOWELO(中文名为埃索威)和热熔焊接火泥熔法。前者是现代焊接工艺,适用于铜、铁、钢和铜包钢及铁合金等材料的电气连接。后者操作安全可靠,不需要外加热源、电源,施工快捷。 　　熔接法连接所需要的主要产品及配件有:模具、模夹、焊粉、引火粉、点火枪、毛刷、钢刷、喷灯等。 　　等电位联结内各连接导体间的连接或当等电位联结线采用不同材质的导体连接时,也可采用压接法连接。采用压接法时应注意接触面的光洁、足够的接触压力和接触面积。当采用不同材质的导体压接时,压接处应进行热搪锡处理。还可以采用螺栓连接,应保证接触面的光洁、压接牢固
选用模具	在选用模具时,应根据焊点的结构形式,选用不同编号的模具,模具一般由石墨制成,每次开工前应用加热工具(喷灯或烘干箱)干燥模具,驱除其水气;模夹是用于开合模具的,模夹的紧密程度将影响熔接的效果,应在使用前认真检查模夹,并做适当调整;焊粉牌号需与模具铭牌上注明的焊粉用量一致,每一罐焊粉对应焊接一个焊点,焊粉在使用前需要仔细对照确认;熔焊时需用点火枪向着引火粉点火,然后引起焊粉的放热反应,待焊点凝固后,再打开模并清除模具模腔内的焊渣,以备下一个焊点的使用
等电位联结线与建筑物避雷接地的金属体连接	等电位联结线与建筑物避雷接地的金属体连接应采用搭接焊的方法,所有 MEB 线均采用40 mm×4 mm 的镀锌扁钢在墙内或地面内暗敷设。相邻管道及金属结构允许用一根 MEB 线连接
等电位联结线与 MEB 端子板连接	等电位联结线与 MEB 端子板连接时,应采用接线鼻子或镀锌扁钢或铜带通过M6×30 的螺栓及配套的螺母和弹簧垫圈与端子板压接牢固
分支连接和直线连接	分支连接和直线连接适用于镀锌扁钢或铜带(铜母线)做等电位联结线时的连接,做法如图 4-71 所示。相关设备材料见表 4-20
各种管道的等电位联结	首先根据管道外径的大小选择相应规格的专用抱箍(抱箍内径等于管道外径),抱箍材质应为镀锌扁钢或铜带,厚度满足强度要求。然后将抱箍套在管道上,通过相应规格的螺栓、螺母及弹簧垫圈与等电位联结线连接牢固,安装时要将抱箍与管道的接触表面刮拭干净。施工完毕后应测试导电的连续性,导电不良处应及时补加跨接线。金属管道连接处一般不需加跨接线。给水系统的水表应加跨接线,以保证水管的等电位联结和接地的有效;金属管道的金属保护套管应与金属管道跨接连接

项　目	内　容
建筑物总等 电位联结	（1）总等电位联结，是指在电源进线配电箱（盘）近旁设置一个总等电位联结端子箱（板），并由此端子板将进线配电箱（盘）的 PE（PEN）母排、公共设施的金属管道、建筑金属结构等做等电位联结，如果设置有人工接地，也包括其接地装置的接地线。建筑物每个进线电源都需做各自的总等电位联结，一处电源进线的总等电位联结，如图 4-72 所示；图中电源进线配电室设在首层，并设有水泵房、消防泵站、空调机房及电梯。当建筑物避雷设施利用建筑物金属体和基础钢筋做引下线和接地装置时，引下线应与等电位联结系统连通以实现等电位联结。图中等电位联结（MEB）线均采用 40 mm×4 mm 镀锌扁钢或 25 mm² 铜导线在墙内或地面内暗敷设。当建筑物为条形基础或桩基础时，可利用地梁内水平主钢筋作为等电位联结线，但主钢筋不应小于 $\phi16$。 　　（2）总等电位联结系统图，如图 4-73 所示。总等电位联结（MEB）端子板，宜设置在电源进线或进线配电箱（盘）处，并应加防护罩或设在端子箱内，应防止无关人员触动。相邻近管道及金属结构允许用一根总等电位联结（MEB）线连接。经实测总等电位联结内的水管、基础钢筋等自然接地体的接地电阻值已满足电气装置的接地电阻值的要求时，不再需要另外做人工接地体，保护接地与避雷接地宜直接短接地连通。当利用建筑物金属体做避雷及接地时，等电位联结端子板宜直接短捷地与该建筑物用做避雷及接地的金属体连通。图中管道旁的箭头方向系表示水、气流动方向，当进、回水管相距较远时，也可用 MEB 端子板分别用一根 MEB 线连接。 　　（3）建筑物多处电源进线总等电位联结平面示意图，如图 4-74 所示。用于多处电源进线，采用室内环形接地体将各总等电位联结端子板互相连通，使其处在同一电位上；当建筑物又有室外水平环形接地体时，各电源处的等电位联结端子板应沿最近的距离与室外的水平环形接地体连通，使其处在同一电位上。 　　（4）建筑物电源进线、信息进线等电位联结，如图 4-75 所示。当进线采用屏蔽电缆时，应至少在两端并宜在避雷区交界处做等电位联结；当系统要求只在一端做等电位联结时，应采用两层屏蔽，外层屏蔽与等电位联结端子板连通。有进入建筑物的金属套管应与总等电位联结端子板连接。为使电涌防护器（SPD）两端引线最短，电涌防护器（SPD）宜安装在配电箱或信息系统配线设备内，SPD 连接线全长不宜超过 0.5 m
卫生设备、炊具的 等电位联结	结构施工过程中在卫生设备、炊具等的安装位置附近预埋－100 mm×30 mm×3 mm 的镀锌扁钢作为连接板，并将该镀锌扁钢与建筑物接地系统焊接为一体。当在混凝土柱上预埋连接板时，连接板应设在柱脚处。当在砖墙上预埋连接板时，应从砖缝引出。安装卫生设备时，用 BV－4 mm² 的导线把预埋的连接板与卫生设备的安装螺钉或金属外壳连通即可
金属门、窗的 等电位联结	（1）等电位联结线与金属门的连接：采用 $\phi10$ 的圆钢，一端与圈梁预埋件焊接牢固，另一端通过搭接板（－100 mm×30 mm×3 mm 的镀锌扁钢）与固定在金属门框上的预埋铁板连接。连接位置宜在门内侧的上端或下端。 　　（2）等电位联结线与金属窗的连接：采用－25 mm×4 mm 的镀锌扁钢或 $\phi10$ 的圆钢，一端与圈梁预埋件焊接，另一端与固定金属窗框的金属板焊接；也可通过搭接板（－100 mm×30 mm×3 mm 的镀锌扁钢）连接，连接点不少于两处。搭接板与金属窗通过两个 M6 的螺栓固定牢固。采用 $\phi10$ 的圆钢时，与钢筋或窗框等建筑物

续上表

项 目	内 容
金属门、窗的等电位联结	金属构件焊接长度应不小于 60 mm，且双面施焊。若避雷接地系统已将金属窗与接地系统焊接成一体，应不另做连接
金属栏杆、金属吊顶主龙骨等建筑构件的等电位联结	(1)等电位联结线与金属栏杆的连接：采用- 25 mm×4 mm 的镀锌扁钢或 $\phi10$ 的圆钢，一端与圈梁预埋件或者墙体、钢筋柱上的预埋连接板焊接牢固，另一端与用于固定金属栏杆的预埋铁件焊接牢固。与电梯导轨、金属垃圾道的连接做法可参考此法进行。 (2)等电位联结线与金属吊顶主龙骨的连接：可利用吊件所配的螺栓压接连接
电梯导轨、金属垃圾道的等电位联结	电梯导轨和金属垃圾道的等电位联结线，应使用 $\phi10$ 圆钢或- 25 mm×4 mm 镀锌扁钢，一端直接与导轨或金属垃圾道焊接，另一端可以与等电位端子板连接，如果需要同柱或圈梁内主钢筋相连接时，方法同扶手或栏杆的做法
信息技术(IT)设备的等电位联结	机房 IT 设备的信号接地和保护接地应共用接地装置，并和建筑物金属结构及管道连通以实现等电位联结，配电箱内 PE 排与接地母排或接地干线间的等电位联结宜采用 BV-1×25 mm² 线；成排的机房 IT 设备长度超过 10 m 时，宜在两端与等电位网格或接地母排连通；接地母干线应沿外墙内侧敷设，对于大型信息系统建筑物，应沿外墙内侧敷设成环形，且应采用截面积不小于50 mm² 的铜导体。连接方法可采用以下方式： (1)放射式接地。用电源线路的 PE 线作为放射式接地。为 IT 设备设置专用的配电回路和 PE 线，并与其他配电回路、PE 线及装置外导电部分绝缘，其配电箱的 PE 母排宜采用绝缘导线直接接至总接地母排。 (2)网络式接地。采用水平局部等电位联结。等电位金属网格可采用宽 60～80 mm、厚 0.6 mm 的紫铜带在架空地板下明敷设，无特殊要求时，网格尺寸不大于 600 mm×600 mm，紫铜带可压在架空地板支柱下。IT 设备的电源回路和 PE 线以及等电位联结网格宜与其他供电回路(包括 PE 线)以及装置外可导电部分绝缘。 (3)水平和垂直局部等电位联结楼内各层的 IT 设备下均设等电位联结网格，并与电气装置的外露可导电部分做多次连接以实现楼内各层间的垂直等电位联结，且接地母干线宜与柱子钢筋、金属立面等屏蔽件每隔 5 m 连接一次；水平等电位联结可采用网格式接地
特殊部位的等电位联结	(1)游泳池局部等电位联结。在游泳池的池边地面下无钢筋时，应敷设扁钢或圆钢或采用钢丝网组成的电位均衡导线。用 25 mm×4 mm 扁钢或 $\phi10$ 圆钢做电位均衡导线时，均衡导线的间距为 0.6 m，并最少在两处作横向连接，且与局部等电位端子板连接，如在地面下有暗敷设采暖管线时，电位均衡导线应位于采暖管线的上方；电位均衡导线若采用 $\phi3$ 钢丝网时，网格尺寸为150 mm×150 mm，相邻钢丝网之间应相互焊接。如室内游泳池原无 PE 线，则不应引入 PE 线，将装置外可导电部分相互连接。室内不宜采用金属穿线管或金属护套电缆。 (2)医院手术室局部等电位联结：手术灯之类的电气设备的外露导电部分应做局部等电位联结；等电位联结端子板与插座保护接线端子或任一装置外导电部分间

项　　目	内　　容
特殊部位的等电位联结	的连接线的电阻包括连接点的电阻不应大于 0.2 Ω。表 4-21 为不同截面导线每 10 m 的电阻值可供选择的等电位子联结线的截面值。 （3）浴室、卫生间局部等电位联结。地面内钢筋网宜与等电位联结线连通。当墙为混凝土墙时，墙内钢筋网宜与等电位联结线连通。LEB 线均采用 BVR-1× 4 mm^2 导线在地面内或墙内穿塑料管暗敷设；等电位联结支线除注明外，均应采用 BY−1×4 mm^2 的铜线在地面内或墙内穿塑料管暗敷设。等电位端子板的设置位置应便于检测。 （4）在使用安全特低电压的地方，不论其标称电压如何，必须用遮拦或外护物提供直接接触保护，遮拦或外护物应能耐受 500 V 试验电压，历时 1 min 的绝缘。不得采用阻挡物及置于伸臂范围以外的直接接触保护措施；也不得采用非导电场所及不接地的等电位联结的间接接触保护措施

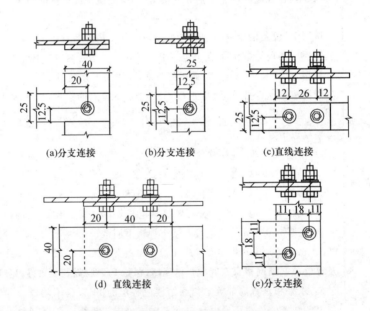

图 4-71　等电位联结线的分支连接和直线连接（单位：mm）

表 4-20　设备材料表

编　　号	名　　称	型号及规格	单位
1	镀锌扁钢（铜母线）	40×4	mm
2	镀锌扁钢（铜母线）	25×4	mm
3	螺栓	M10×30	个
4	螺母	M10	个
5	垫圈	10	个

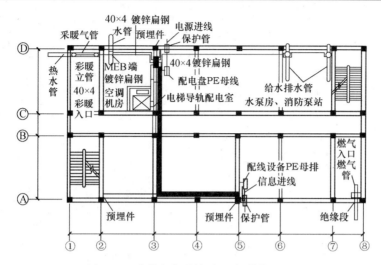

图 4-72 总等电位联结平面图(单位:mm)

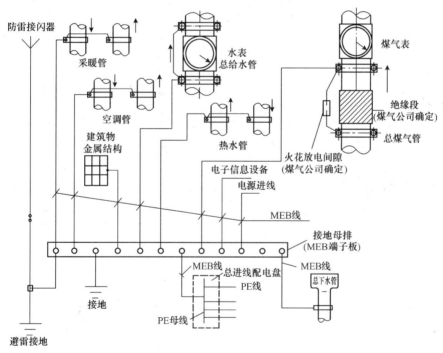

图 4-73 总等电位联结系统图

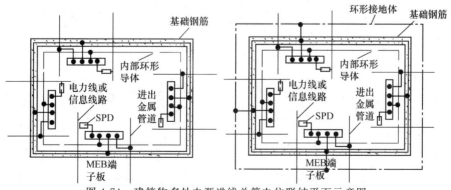

图 4-74 建筑物多处电源进线总等电位联结平面示意图

表 4-21 不同截面导线每 10 m 的电阻值(20℃)

铜导线截面(mm²)	每 10 m 的电阻值(Ω)
2.5	0.073
4	0.045
6	0.03
10	0.018
50	0.003 8
150	0.001 2
500	0.000 4

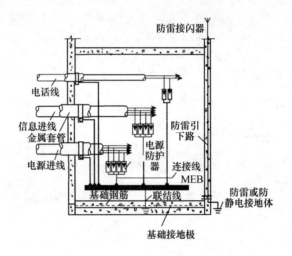

图 4-75 电源进线、信息进线等电位示意图

质量问题

等电位联结线色标、截面积不符合要求

质量问题表现

(1)找不到等电位联结线。

(2)建筑物内可导电部分电位不一致或相差悬殊。

质量问题原因

(1)施工人员对规范要求不熟悉,未按设计要求复查。

(2)导线色标不对。

(3)截面积不符合要求。

质量问题

质量问题预防

(1)等电位联结线应有黄绿相间的色标,在等电位联结端子板上应刷黄色底漆并标黑色记号,其符号为"$\downarrow$"。

(2)等电位联结线不是回路导体,基本只传导电位,不传送电流,从而使建筑物内可导电部分电位相等或相近,如果等电位联结线截面积不符合要求,就不能起到上述作用。等电位的联结线截面要求见表4-22。

表 4-22　等电位联结线截面要求

类别 取值	总等电位联结线	局部等电位联结线	辅导等电位联结线	
一般值	不小于 $0.5x$ 进线 PE(PEN)线截面	不小于 $0.5x$PE 线截面①	两电气设备外露导电部分间	$1x$ 较小 PE 线截面
			电气设备与装置外可导电部分间	$0.5x$PE 线截面
最小值	6 mm² 铜线或相同电导值导线②	有机械保护时		2.5 mm² 铜线或4 mm² 铝线
	热镀钢锌圆钢 ϕ10、扁钢 25 mm×4 mm	无机械保护时		4 mm² 铜线
最大值	25 mm² 铜线或相同电导值导线②			

① 局部场所内最大 PE 截面;
② 不允许采用无机械保护的铝线。

(3)等电位联结的线路最小允许截面积,应符合表4-16的要求。

参 考 文 献

[1] 中华人民共和国建设部,国家质量监督检验检疫总局. GB 50303—2002 建筑电气工程施工质量验收规范[S]. 北京:中国计划出版社,2004.

[2] 中华人民共和国建设部,国家质量监督检验检疫总局. GB 50150—2006 电气装置安装工程电气设备交接试验标准[S]. 北京:中国计划出版社,2006.

[3] 中华人民共和国建设部,中华人民共和国国家质量监督检验检疫总局. GB 50169—2006 电气装置安装工程接地装置施工及验收规范[S]. 北京:中国计划出版社,2006.

[4] 中华人民共和国建设部,国家质量监督检验检疫总局. GB 50300—2001 建筑工程施工质量验收统一标准[S]. 北京:中国建筑工业出版社,2002.

[5] 中华人民共和国住房和城乡建设部. GB 50060—2008 3～110 kV 高压配电装置设计规范[S]. 北京:中国计划出版社,2009.

[6] 中国建筑工程总公司. 建筑电气工程施工工艺标准[M]. 北京:中国建筑工业出版社,2003.

[7] 刘宝珊. 建筑电气安装工程实用技术手册[M]. 北京:中国建筑工业出版社,1998.

[8] 朱林根. 现代建筑电气设计施工手册[M]. 北京:中国建筑工业出版社,1998.

[9] 北京土木建筑学会. 建筑施工安全技术手册[M]. 武汉:华中科技大学出版社,2008.

[10] 北京建工集团有限责任公司. 建筑分项工程施工工艺标准[M]. 北京:中国建筑工业出版社,2008.

[11] 陈一才. 现代建筑设备工程设计手册[M]. 北京:机械工业出版社,2001.